科学出版社"十四五"普通高等教育本科规划教材

软件工程导论

钱　鹰　陈　奉　陈　君　李生林　主编

科学出版社

北　京

内 容 简 介

本书首先从数、信息谈到计算基础、计算工具、计算思维，这部分内容属于软件开发的基础知识、基本理论；其次从程序、软件谈到软件工程，循序渐进地讲解软件工程的起源、发展、作用，这部分内容是全书的核心；最后介绍软件行业对软件人才的需求和软件工程知识体系，以及软件人才的培养，为大家今后学习、工作指明方向。本书有完整配套的课程资源，包括课程标准、教学大纲、教学课件等。

本书是软件工程专业本科学生学习软件工程导论的优选教材，也是计算机科学类其他专业学生学习软件工程的首选教材，同时可以作为理工科各专业学生熟悉、了解软件工程的入门教材。

图书在版编目 (CIP) 数据

软件工程导论 / 钱鹰等主编. — 北京：科学出版社，2024.3（2024.11 重印）
ISBN 978-7-03-078019-5

Ⅰ.①软…　Ⅱ.①钱…　Ⅲ.①软件工程　Ⅳ.①TP311.5

中国国家版本馆 CIP 数据核字（2024）第 020319 号

责任编辑：李小锐 / 责任校对：彭　映
责任印制：罗　科 / 封面设计：墨创文化

科学出版社 出版

北京东黄城根北街16号
邮政编码：100717
http://www.sciencep.com

成都锦瑞印刷有限责任公司印刷
科学出版社发行　各地新华书店经销

＊

2024 年 3 月第 一 版　　开本：787×1092 1/16
2024 年 11 月第二次印刷　印张：10
字数：237 000

定价：52.00 元

（如有印装质量问题，我社负责调换）

序

　　人类文明的发展，都可以归结为人类智能的发展，即人自身从感知信息、采集信息、分析信息、处理信息到传输信息和表达信息能力的发展。我们正处于第四次工业革命的浪潮中，互联网、云计算、大数据、人工智能、元宇宙等信息技术的产生和发展，催生了工业革命的巨大变革，使人类社会生活发生了翻天覆地的变化，这些都离不开一项根本的技术——软件技术。未来社会将是一个高度依赖信息、智能工具普及的社会，也意味着这将是一个软件无处不在的社会。在这样一个"软件定义"时代，软件几乎成为所有学科发展的基础，因此需要我们从根本上厘清"软件"与"软件工程"，"计算""计算工具"与"计算思维"，"程序"与"软件"等概念，了解并建立以量化和计算为基础的解决问题的思维方法，理解工程方法学的基本原理，并将其熟练运用到大型复杂信息系统的研发中，以形成软件工业化的基本能力。

　　知识的本质是抽象化，计算的本质是形式化，程序的本质是自动化，建立在这些基础上解决问题的方法论就形成了计算思维。可以确定的是，计算思维在未来会越来越多地助力人类文明的发展，熟悉且掌握计算思维这一方法论的程度是决定信息技术领域从业者未来贡献能力的标尺。一方面，软件的使能实体是程序，程序的基础是计算，计算的关键要素是信息表示、计算规则和计算工具，这一切都源于从自然到信息的抽象，这种抽象思维能力决定了人类对自然的认识；另一方面，软件是计算思维实现的工具和手段，其本质是建立从问题领域（问题空间）到软件领域（解空间）的映射，是人类在理解问题的基础上，使用抽象、分解、算法等方法求解问题，并通过计算机等计算工具来自动实施的产物。最终，软件作为一个公共基础性的逻辑产品，被各行各业广泛地需要和使用，其工业化的生产研发，需要一整套工程方法学做支撑。软件工程就是这样一套完整知识、方法、过程、管理等理论体系的凝练，这就是其越来越被各国工业界和学界重视的根本原因。

　　重庆邮电大学钱鹰教授领衔编写的《软件工程导论》，从人类运用和处理信息的历史出发，系统介绍了现代数字计算机技术的形式化、数字化和自动化的原理及相关知识，计算思维的方法论以及计算数学、程序设计、软件工程、软件工程知识体系、软件人才和教育等相关知识、技术和方法，用一种全新的视角来帮助人们全面深入地理解和掌握软件技术及软件工程。全书分为启蒙、计算基础、计算思维、程序设计、软件工程、软件人才与教育六部分，系统而简要地对软件工程画了一个全景图，是软件工程本科专业入门的一本优秀指南书。学生在学习了这门课程后，基本上可以建立软件工程学科的轮廓概念，为今后进一步学习专业课程打下基础。未来的软件工程师通过阅读本书，可以了解计算机和软件领域的专业知识和技能将会在哪些行业、岗位和职位发挥作用，进而有的放矢地安排自己的学习规划和职业生涯。非软件工程专业读者通过阅读本书，可以了解软件工程是什么，软件和计算思维会在哪些方面对自己的工作产生裨益和推动，学会如何与软件工程师沟通等。总之，这是一本可以适应广大读者阅读的导引性书籍，我在这里隆重地推荐给大家。

北京交通大学二级教授，原北京交通大学软件学院院长

教育部高等学校软件工程专业教学指导委员会副主任委员

国家示范性软件学院联盟理事长

2023 年 2 月 18 日

前　言

计算机系统由硬件系统和软件系统组成，硬件系统决定计算机的性能，软件系统决定计算机的功能，离开软件系统，计算机无法工作，因此软件系统是计算机的灵魂。目前，我们正处于一个新的时代，不同的人从不同的角度定义了这个时代：从基础设施视角来看，这是一个互联网+时代；从计算模式视角来看，这是一个云计算时代；从信息资源视角来看，这是一个大数据时代；从信息应用视角来看，这是一个智能化时代。而无论从哪个角度看，这个时代都离不开软件。

"软件工程导论"是软件工程专业的必修核心课程，同时也是理工科学生学习软件工程的入门教材。本书在内容组织上与其他软件工程教材不完全相同：先从计算的启蒙开始，介绍数的起源、信息与信息技术、计算基础、计算思维，让读者学习了解计算学科基础知识，培养计算思维能力；然后讲解程序设计、软件工程和软件人才，让读者知道计算机编程语言的重要性，了解软件开发的技术、方法，为系统深入学习软件工程奠定基础。

本书是一本入门性教材，目的是让读者通过本书学习了解计算原理、编程语言、软件工程、软件知识体系的基本理论、方法，进而了解计算机软件系统。本书用统一风格和固定模式讲解教学内容，各章节编排内容相当，练习思考题全面。全书共6章，第1章启蒙，主要介绍数的起源与发展、计算与计算工具、信息和信息技术，通过本章学习了解计算科学通用基础知识；第2章计算基础，主要介绍计算的本质、数的进制，以及数据、整数、实数和信息的表示方法，通过本章学习掌握计算机计算原理；第3章计算思维，主要介绍思维与工具的相互作用、计算思维的起源与发展、计算思维的问题求解及应用案例，通过本章培养计算思维能力；第4章程序设计，主要介绍机器语言、汇编语言和高级语言及程序设计、编程的发展、编程学习之路，通过本章学习理解计算机编程技术和方法；第5章软件工程，主要介绍软件概述与发展、软件危机与工程、软件开发过程、软件过程模型、软件开发方法和软件工程管理，通过本章学习理解软件开发技术和方法；第6章软件人才与教育，主要介绍软件产业、软件人才和软件工程教育，通过本章学习了解软件知识体系，明白软件开发职业的要求。

全书计划安排32个理论讲授课时。第1章启蒙安排4个课时，第2章计算基础安排6个课时，第3章计算思维安排4个课时，第4章程序设计安排6个课时，第5章软件工程安排6个课时，第6章软件人才与教育安排4个课时，预留2个课时用作复习总结。

本书由重庆邮电大学软件工程学院担任"软件工程导论"课程的资深任课老师完成编写。学院院长钱鹰主持全书编写工作，统揽全书内容要求和结构安排；重庆市计算机类教学指导委员会委员、钱鹰博士执笔完成第1章编写和相应课程资源建设，教育部计算机类教学指导委员会委员、教授李生林博士执笔完成第2、4章编写和相应课程资源建设，计算机科学与技术专业讲师陈君博士执笔完成第 3 章编写和相应课程资源建设,软件工程专业讲师陈奉博士执笔完成第 5、6 章编写和相应课程资源建设;李生林教授负责全书统稿。

本书是高校软件工程专业学生了解软件工程知识的首选教材,也是其他理工科学生学习了解计算机软件知识的入门教材。计算机类专业学生选用此教材,更容易入门,能更快掌握软件工程基础知识。

科学出版社对本书提出许多宝贵意见,对本书的出版提供了许多帮助,在此一并表示真诚感谢。本书参考了许多软件工程专业的书籍、资料等,在此向它们的作者表示谢意。

由于作者水平有限,书中难免有疏漏之处,恳请各位读者和同行批评指正。

作　者
2023 年 2 月

目　　录

第1章 启 蒙

所有人类创造的最伟大技术发明，包括飞机、汽车、计算机等，不但不能证明人类的智慧有多高，反而显示出人有多懒惰。

——马克·肯尼迪

1983 年 1 月，美国《时代》周刊为上年度当选的"风云人物"撰文："在这一年里，这是最具影响力的新闻，它代表了一种进程，一种被全社会广泛接受并带来巨大变革的进程……这就是为什么《时代》在风云激荡的当今世界中选择这么一位'人物'，但它不是一个人，而是一台机器——计算机"（图 1-1）。

图 1-1 计算机当选为 1982 年《时代》周刊的"年度人物"

正像《时代》周刊评价的一样，计算机是人类在 20 世纪最重要的发明之一，对社会发展和人类生活产生了巨大的影响。如今，计算机已经深入社会的方方面面，从宇宙飞船的发射、电子商务与电子政务的运行到电子邮件的收发、手机通话、互联网沟通等，无不需要计算机技术的支持。随着技术的不断发展，计算机技术几乎在所有领域都得到应用，深刻而持久地改变着人类的生活、学习、娱乐。计算机技术之所以具有如此影响力，最重要的原因就是有计算机软件的支持，软件使得计算机系统能按照人的思想、意志、需求进行计算，从而改变这个世界，这是任何其他工具都办不到的。

1.1　数的起源与发展

人类由动物进化而来，有研究认为，有些动物包括早期的原始人类(大概 30 万年前)可能具有数的意识，即在为数不多的一些东西中增加几个或从中取出几个时，能辨识其多寡。而系统化地对数产生认识，进而能开展计算，则是伴随人类智力的增长和发展，以及建立使用和生产工具的能力而来。

1.1.1　数的观念的产生

数究竟产生于何时，由于其年代久远，我们已经无从考证。但是可以肯定的是，数的概念和计数的方法在有文字记载之前就已经发展起来了。

原始时代的人类为了维持生活，必须每天外出狩猎和采集果实。有时他们满载而归，有时却一无所获；带回的食物有时富余，有时却不足果腹。生活中这种数与量上的变化，使人类逐渐产生了数的意识。从那时起，人类开始了解有与无、多与少的差别，进而知道了"一"和"多"的区别。然后形成了数目的概念，这是一个不小的飞跃。随着社会的进步和发展，有了简单的记数概念，记数成为生活必不可少的一部分。因此，人类祖先在漫长的生活实践中，由于对记事和分配生活用品等方面的需要，逐渐产生了数的概念。

当用十个手指记数不敷应用时，人类便开始采用"石头记数""结绳记数"和"刻痕记数"等方法。归功于考古学家的艰苦探索，我们得以发现数字记录的最早物证：一块公元前 35000 年前的狒狒腓骨，上面有 29 道清晰的"V"字形刻痕。南部非洲斯威士兰王国的人曾用它作为记录猎物的账簿。在今天的捷克共和国境内，考古学家发现了一块公元前 3 万年前的幼狼桡骨，其上有两列共计 55 道的"V"字形刻痕。在乌干达与刚果（金）间的爱德华湖边，考古学家发现了公元前 2 万年前的"伊尚戈骨"。与前两项记录数字的物证不同，它已不再作为记录猎物数量的记账棒，而是对月相进行记录。随着记录的对象从数量变为更复杂的信息，简单的刻痕已经无法满足生产、生活需求，人们开始尝试抽象记数的方法。

考古证据表明，虽然地区和民族之间存在差异，但在计数时，都不约而同地使用过"一一对应"的方法，这种画杠的方法曾经被多个民族所采用。例如，一些非洲的原始猎人通过积累野猪的牙齿来对他们所捕获的野猪数目进行记数；居住在乞力马扎罗山山坡上的马萨伊游牧部落少女，习惯在颈上佩戴铜环，其个数等于自己的年龄；另外，结绳记数（或记事）的方法也曾经被许多民族所使用。比如，南美印加人的结绳办法就是在一条较粗的绳子上拴很多颜色各异的细绳，再在细绳上打不同的结，绳的颜色、结的大小和位置代表不同事物的数目。

1.1.2 数的历史

数的发展总体可以分为远古时期、罗马时期、筹算、"0"的发现和阿拉伯数字五个阶段。

1. 远古时期

远古时期的人类在生活中遇到了许多无法解决的困难：如何表示一棵树、两只羊等。当时并没有符号或数字用于表示具体的数量，所以他们主要以结绳或在石头上刻画来记数。

公元前 3000 年左右，古埃及出现了基于象形文字且以 10 的倍数为基础的记数系统。1、10、100 直到 100 万分别用不同的象形文字表示。在卡尔纳克神殿的石碑上，数字 4622 被拆分成 4 个 1000、6 个 100、2 个 10 和 2 个 1，再利用记数系统，转换成一个有限的符号序列，如图 1-2 所示。

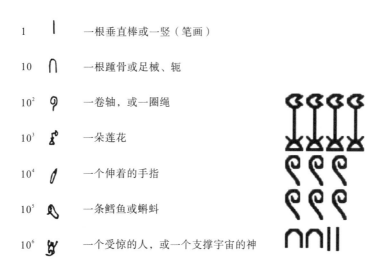

图 1-2 古埃及计数系统及 4622 示意

2. 罗马时期

大约在 2500 年前，罗马还处在文化发展的初期，当时罗马人用手指作为计算工具：表示一、二、三、四个物体，就分别伸出一、二、三、四个手指；表示五个物体就伸出一只手；表示十个物体就伸出两只手。罗马人为了记录数字，便在羊皮上画出"Ⅰ""Ⅱ""Ⅲ"来代替手指记数；表示一只手时，就画"Ⅴ"，即大拇指与食指张开的形状；表示两只手时，就画"ⅤⅤ"，后来又写成一只手向上、一只手向下的"Ⅹ"。这就是罗马数字的雏形。

后来为了表示较大的数,罗马人用符号 C 表示一百,C 是拉丁语"century"的首字母,century 表示一百;用符号 M 表示一千,M 是拉丁语"mille"的首字母,mille 表示一千;取字母 C 的一半形成符号 L,表示五十;用字母 D 表示五百;若在数的上面画一条横线,这个数就增大一千倍。这样,罗马数字就有下面七个基本符号: Ⅰ(1)、V(5)、X(10)、L(50)、C(100)、D(500)、M(1000),如图 1-3 所示。

符号	I	V	X	L	C	D	M
数	1	5	10	50	100	500	1000

图 1-3 古罗马计数系统

3. 筹算

算筹是中国古代使用筹算进行十进制计算的工具,如图 1-4 所示。算筹和筹算属于不同范畴,前者是计算工具,后者是计算方法。从这个意义上讲,算筹构成了一个记数系统。中国古代使用的算筹多用竹子制成,有的也用木头、兽骨作为材料。据古书记载,算筹一般长 13～14cm,直径为 0.2～0.3cm,约 270 枚为一束,放在布袋里随身携带。

图 1-4 算筹

4. "0"的发现

如果细心观察,会发现罗马数字中没有"0"。在公元 5 世纪时,"0"已经传入罗马。大约 1500 年前,欧洲的数学家们不知道"0"这个数字。这时,罗马有一位学者从印度记数法中发现了"0"这个符号。他发现,有了"0"后进行数学运算非常方便,于是他将印度人使用"0"的方法进行了推广。在当时罗马教皇认为,数是上帝创造的,在上帝创造的数里没有"0",就这样,"0"被罗马教皇下令禁止使用。但后来,"0"在欧洲被广泛使用,而罗马数字却被逐渐淘汰了。

　　"0"的发现始于印度。公元前 2000 年左右，印度最古老的文献《吠陀》已记载"0"的应用，当时"0"在印度表示无(空)。约在 6 世纪初，印度开始使用命位记数法。7 世纪初印度大数学家葛拉夫·玛格蒲达首先说明了"0"的性质：任何数乘以 0 等于 0，任何数加上 0 或减去 0 不变。遗憾的是，他并没有提到以命位记数法来进行计算的实例。有学者认为，"0"的概念之所以在印度产生并得以发展，是因为印度佛教中存在"绝对无"这一哲学思想。公元 733 年，印度一位天文学家在访问现伊拉克首都巴格达期间，将印度的这种记数法介绍给阿拉伯人，因为这种方法简便易使用，不久就取代了阿拉伯数字记数方法。这套记数法后来又传入西欧。

　　5. 阿拉伯数字

　　阿拉伯数字是现今国际通用的数字。公元 3 世纪，印度的科学家巴格达发明了阿拉伯数字。后来，阿拉伯人把数字传入西班牙。公元 10 世纪，罗马教皇热尔贝·奥里亚克将其推广到欧洲其他国家。公元 1200 年左右，欧洲的学者正式采用数字符号和体系。13 世纪，在意大利比萨数学家斐波那契的倡导下，普通的欧洲人也开始采用阿拉伯数字，15 世纪时阿拉伯数字在欧洲的使用已相当普遍。那时阿拉伯数字的形状与现在的阿拉伯数字不完全相同，许多数学家花费了不少心血才使它们变成今天的书写方式。

　　阿拉伯数字虽起源于印度，但却是由阿拉伯人传播的，故称为"阿拉伯数字"，这就是后来人们误解阿拉伯数字是阿拉伯人发明的原因。阿拉伯数字由 0、1、2、3、4、5、6、7、8、9 共 10 个记数符号组成。由于它们书写方便，故一直沿用至今。

　　6. 进一步发展

　　发展到阿拉伯数字为止，全都是自然数。随着对生产、生活需求的提高，人们发现仅仅能表示自然数是远远不够的。例如，分配猎物时，5 个人分 4 个猎物，每个人该得多少呢？于是，分数产生了。中国对分数的研究比欧洲早 1400 多年，自然数、分数和零统称为算术数，其中自然数称为正整数。随着社会的发展，人们又发现数量很多时候具有相反的含义，如增加和减少、上升和下降等。于是，又产生了负数。正整数、负整数和零统称为整数，再加上正分数和负分数，统称为有理数。

　　后来，又有学者发现了一些无法用有理数表示的数。有这样一个故事：一位叫希帕索斯的人画了一个边长为 1 的正方形，设对角线为 x，根据勾股定理 $x^2 = 1^2 + 1^2 = 2$，可见对角线是存在的，可它是多少呢？又该怎样表示呢？希帕索斯百思不得其解，最后认定这是一个从未见过的新数，即后来人们发现的"无理数"，这些数无法用准确的数字表示出来，它们是无限不循环小数，所以用根号来表示。无理数和有理数统称为实数。除实数外，后来人们又发现了虚数和复数。

1.1.3　数与量

　　在日常生活及科学研究当中，人们经常要用到数和量的概念，但是究竟什么是数、什么是量大多数人并不十分明白。数和量是一切事物都必然具有的属性，任何发明创造都离不开对数量的改变。

1. 数的含义

(1)数是一种图形符号，是量的表示方法之一，量的表示方法有多种。

(2)一般情况下，把标准单位规定的量用数字"1"表示，在"1"的基础上产生了其他数字。

(3)数不仅可以用来表示量，还可以用来表示质、过程以及自然界中的一切物质现象。

2. 量的含义

量是作为幅度和重复次数出现的一种属性，是事物在同一种属性上的差别。它与品质、实质、变化、关系一样，是事物的一种基本属性。

量可以从以下几个方面来理解。

(1)量是对事物具体属性的描述，不存在脱离属性的抽象的量。

(2)量是对事物同一种属性的描述，不同的属性具有不同的量。

(3)量是对差别的反映，没有差别就没有量，没有差别的量就是属性。所谓属性，就是某一事物在与其他事物发生关系时表现出来的质。事物的属性主要取决于与其他事物的关系，关系没有改变则属性就不会改变。属性并不等同于质，同一种质可以表现为多种属性(金属具有伸张性、导电性、导热性)。质和属性既有联系又有区别：质是事物的内在规定性，属性是质的外在表现；质和事物的存在直接同一，属性则不一定都和事物直接同一，因为属性是多方面的，其分为本质属性和非本质属性。

(4)量起源于人类在空间中对物质独立性和不连续性的认识。可以这样想象，原始人类在采摘和打猎的过程中发现采回来的野果都是独立的，打回来的猎物也都是独立的，为了分配劳动果实、表达这种独立性和不连续性，他们逐渐产生了"个"的概念。

(5)量的大小来自事物之间的比较，一般情况下把某一事物当作标准，然后根据与标准的比较来确定其他事物的量的大小，量的大小就是与标准比较的结果。

(6)量的大小通常用数字和单位来表示，单位就是用来作为标准的事物所规定的量。需要注意的是，量的表示方法可以有多种，数字只是其中一种，是最常用的一种表示量的方法。

3. 数与量的关系

数量关系是数学的一个基本概念。数是人类创造的用来表示量多少的文字符号；量是一种客观存在的事物的大小、范围、程度等属性。换言之，数就是人类创造出来的一种工具、一种语言或一个符号，用来标识客观事物，量就是客观事物具有的某种属性，数是为度量而产生的，是存在于人脑中的一种概念抽象模型，用于精确反映客观事物。

最初的数学是出于对度量的需要而创造出来的，是用来表示量的学科。数学也是关于数的学科，而数是用来标识量的文字符号工具，客观世界中任何可以度量的事物都可以用数来一一对应,数学成为可以精确表示客观事物属性的工具学科,它将理论与实践结合在一起,建立了主观世界与客观世界的对应关系。

1.2 计算与计算工具

有这样的说法,懒惰是人类进步的动力。为了偷懒,人类不断做着各种努力,发明了各种机器工具,试图将自己从繁重的劳动中解放出来,其中计算工具的出现无疑将人类从很多繁重的计算作业中解放出来。

1.2.1 计算场景

场景一:年轻力壮的男人们扛着捕获的猎物回到部落聚居点。长者用石块在树干上划出几道新的痕迹,一道划痕就代表一头被捕获的猎物。随后部落里几乎所有的人都聚在猎人与猎物周围。被推举出来的"聪明"人拿着一个石制且不算锋利的切割工具在众人的注视下将猎物切割成大小不一的块,然后一块一块地分给围观的部落同伴,尽量确保每人都能分到一块属于自己的猎物。

场景二:当学会圈养家畜后,部落里肩负饲放家畜的人会在放一头家畜出圈时往包里放一块石子。放牧结束回到部落聚居地后,他会在每一头家畜进圈时将一块石子从包里取出来。当所有家畜都进圈时,如果包里没有剩余的石子,那就意味着今天在饲放过程中没有家畜丢失。但这位取放石子的人,可能并不知道自己究竟饲放了多少头家畜。

上述描述的场景,发生在部落聚居时。但类似的情形,直到今天,我们依然能从幼童的行为中观察到。例如,向他们展示卡片,上面是一道算式"3+2",并不是所有小朋友都能回答出计算结果是"5"。但几乎所有小朋友都能正确回答这样的提问:"你有 3 个苹果,再给你 2 个苹果,现在你有几个苹果?"

计算意识萌芽时,人类还无法脱离具体的实物去理解数的概念,甚至没有数的概念。直到公元前约 4 万年,被人类学家称为"现代人类行为"(即复杂的符号化思考行为)的出现,才拉开了人类思维转变的序幕。

1.2.2 计算规则

记数系统的发明与使用,使得人类以数为对象的计算被记录下来。公元前约 1650 年,古埃及一名文牍员在纸莎草上编写了《赖因德古本》。其记录了大量源自生活的计算问题,如把一定数目的面包片分给若干个人、土地面积的计算等。虽然这些问题的解答均采用实例说明,没有给出一般的公式,但从中能发现古埃及人的计算是基于加法运算和乘 2 运算的运算表。比如,为了计算 16 乘以 5,古埃及人会先计算出 16 的乘 2 运算表,见表 1-1。

表 1-1　古埃及人的运算表

1	16×1	16
2	16×2	32
4	16×4	64

由于 5=1+4，因此 16×5=16×1+16×4，通过查表计算得到结果为 16+64，即 80。此外，古埃及人还特别偏爱单位分数，如 1/2、1/3 等。《赖因德古本》记录了将 2/n(n 为奇数)拆分成单位分数的分数表，通过查表，可以快速获得类似于 2/5=1/3+1/15 的计算结果。

使用 60 基底记数系统的古巴比伦人，也是制表的能手。1854 年，考古学家在幼发拉底河流域发现了两块刻有楔形符号的泥板，其中一块记录了 1～59 的平方表，另一块记录了 1～59 的立方表。古巴比伦人没有乘法表，因此两个数的乘法被转换成平方计算，通过查平方表，间接进行计算；两个数的除法则被转换成一个数与另一个数的倒数的乘法，利用倒数表，间接进行计算。在中国，考古学家在整理秦汉古籍时发现了"五七三十五尺而至于泉""四七二十八尺""六七四十二尺""七八五十六尺"的记述，即九因歌，它是九九乘法表的前身。19 世纪末，中国敦煌出土了一批汉简，其中一片是九九表的残简，从九乘九开始，读为"九九八十一、八九七十二、七九六十三、八八六十四、七八五十六、六八四十八……二二而四"，共 1110 个字。熟记九九乘法表，能快速获取两个数相乘的计算结果。从考古发现的历史遗迹中我们可以推断，在掌握基于抽象符号的记数系统后，人们开始掌握这些抽象符号之间的计算规则。而这些规则的出现，使得计算的工具化成为可能。

1.2.3　古代计算工具

计算机前史应该从计算工具的发明说起。英语中"calculus"一词来源于拉丁语，它既有"算法"的含义，也有肾脏或胆囊里的"结石"的意思。原始人类用石头计算捕获的猎物，石头就是他们的计算工具。美国著名科幻大师阿西莫夫曾说，人类最早的"计算机"是手指，因此英语单词"digit"既表示"手指"又表示"整数数字"。而经中国数学史专家考证，大约在新石器时代早期，即远古传说里伏羲、黄帝之前，先民使用的"计算机"是绳结，即用绳结的多少来表示数。公元前四五千年，美索不达米亚两河流域的古苏美尔人在发明楔形文字的同时，也在泥板上刻下了人类最早的一批数字符号，如图 1-5 所示。

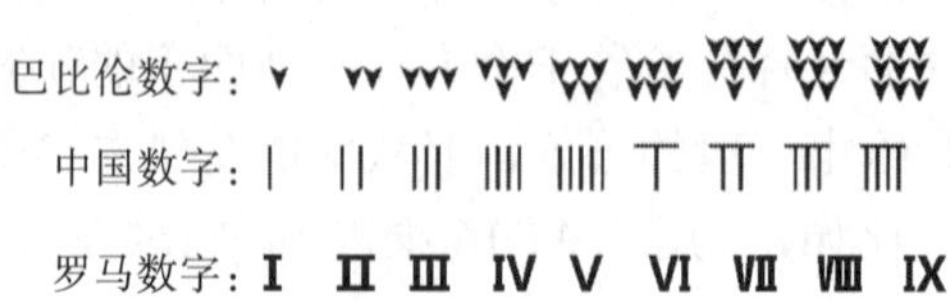

图 1-5　数字符号

1. 古代的计算工具

人类最早的计算工具诞生在中国。古语曰："运筹帷幄之中，决胜千里之外。"筹策又称算筹，它是中国古代普遍采用的一种计算工具，如图 1-6 所示。算筹不仅可以替代手指来帮助记数，而且能做加减乘除等数学运算。算筹是计数工具，筹算则是计算方法。关于筹算，古人创造了纵式和横式两种不同的摆法，两种摆法都可以用 1～9 来计算任意大的自然数，与现代通行的十进制计数法完全一致，显示了古人高超的数学才能。

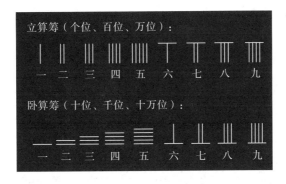

图 1-6　筹算

公元 500 年前，中国南北朝时期的数学家祖冲之(公元 429～500 年)借助算筹作为计算工具，成功地将圆周率计算到小数点后第 7 位，即 3.1415926～3.1415927，成为当时世界上最精确的圆周率，比法国数学家韦达的相同成就早 1100 多年。

中国古代在计算工具领域的另一项发明是算盘(图 1-7)，直到今天，它仍然是许多人钟爱的"计算机"。在中国近代原子弹发明过程中，就出现过同时上千人用算盘计算的宏伟场面。算盘最早记录于东汉徐岳撰写的《数术记遗》一书里，大约在宋元时期开始流行，而算盘最终彻底取代算筹是在明朝。

图 1-7　算盘

明朝的算盘已经与现代算盘完全相同，通常具有 13 档，每档上部有 2 颗珠而下部有 5 颗珠，中间由横梁隔开，通过"口诀"(即"算法")进行快速运算。由于珠算具有"随手拨珠便成答数"的优点，一时间风靡海内，并且逐渐传入日本、朝鲜、越南、泰国等地，后又经一些商人和旅行家带到欧洲，逐渐在西方传播，对世界数学的发展产生了重要的影响。

2. 帕斯卡的加法器

在计算机史前史里，帕斯卡被公认为是制造机械计算机的第一人。自 16 岁开始，帕斯卡就在构思一种计算机。1639 年，帕斯卡的父亲受命出任诺曼底省监察官，负责征收税款。他看着年迈的父亲费力地计算税率税款，便想要为父亲制作一台可以帮助计算的机器。为了实现这个梦想，帕斯卡夜以继日地埋头苦干，先后做了三个不同的模型，耗费了整整三年的光阴。他不仅自己设计图纸，还自己动手制造。从机器的外壳到齿轮和杠杆，每一个零件都由这位少年亲手完成。为了使机器运转得更加灵敏，帕斯卡选择各种材料做试验，有硬木，有乌木，也有黄铜和钢铁。终于，第三个模型在 1642 年(即帕斯卡 19 岁那年)成功制成，他称这架小小的机器为"加法器"，如图 1-8 所示。

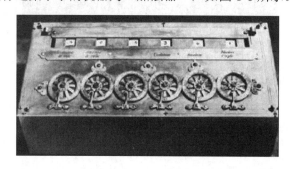

图 1-8　帕斯卡制作的加法器

帕斯卡的加法器是一系列齿轮组成的装置，外壳用黄铜制作，是一个长 20 英寸(1 英寸＝2.54cm)、宽 4 英寸、高 3 英寸的长方形盒子，面板上有一列用于显示数字的小窗口，旋紧发条后才能转动，用专用的铁笔来拨动转轮以输入数字。这种机器开始只能做 6 位加法和减法运算。然而，即使只做加法运算，也存在"逢十进一"的进位问题。聪明的帕斯卡采用了一种小爪子式的棘轮装置，当定位齿轮朝 9 转动时，棘爪便逐渐升高；一旦齿轮转到 0，棘爪就"咔嚓"一声跌落下来，推动十位数的齿轮前进一档。

父亲的上司、法国财政大臣来到他家，观看帕斯卡演示"新式的计算机器"，并且鼓励他投入生产，大力推广。不久，帕斯卡的加法器在法国引起轰动。机器展出时，人们成群结队地前往卢森堡宫参观。就连大数学家笛卡儿听说后，也趁回国探亲的机会，亲自上门观看。帕斯卡后来总共制造了 50 台同样的机器，有的机器计算范围扩大到 8 位，其中有两台至今还保存在巴黎艺术与工艺博物馆里。帕斯卡发明的加法器在全世界有若干仿制品，他第一次确立了计算机器的概念。

3. 莱布尼茨的乘法器

帕斯卡逝世后不久，因独立发明微积分而与牛顿齐名的德国伟大数学家莱布尼茨发现了一篇帕斯卡关于"加法器"的论文，这篇论文引起了他强烈的发明欲望，并决心将这种机器的功能扩大到乘除运算。莱布尼茨早年历经坎坷，但一次出使法国的机会为他实现制造计算机的夙愿创造了契机。在巴黎，莱布尼茨聘请到一些著名机械专家和能工巧匠协助工作，终于在 1674 年造出一台更完善的机械计算机。

莱布尼茨发明的机器称为"乘法器"（图 1-9），约 1m 长，内部安装了一系列齿轮机构，除体积较大之外，基本原理继承于帕斯卡的加法器。不过，莱布尼茨为"计算机"增添了一种名叫"步进轮"的装置。步进轮是一个有 9 个齿的长圆柱体，9 个齿依次分布于圆柱体表面；旁边另有一个小齿轮可以沿着轴移动，以便逐次与步进轮啮合。每当小齿轮转动一圈，步进轮根据它与小齿轮啮合的齿数，分别转动 1/10 圈、2/10 圈……，直到 9/10 圈。这样它就能够连续重复地做加减法运算，而在转动手柄的过程中，这种加减运算转变为乘除运算。

图 1-9　莱布尼茨制作的乘法器

莱布尼茨对计算机的贡献不仅在于乘法器。虽然莱布尼茨的乘法器仍然采用十进制，但他率先为计算机的设计系统地提出了二进制运算法则。在著名的《不列颠百科全书》里，莱布尼茨被称为"西方文明最伟大的人物之一"。

4. 现代计算机雏形——分析机

巴贝奇是国际计算机界公认的计算机之父（图 1-10）。18 世纪末，法国数学界调集大批数学家组成人工手算流水线，经过艰苦奋斗，终于完成 17 卷《数学用表》的编制。但是，手工计算出的数据出现大量错误。这件事强烈刺激了巴贝奇。20 岁那年，他开始着手计算机的研制工作。巴贝奇在他的自传《一个哲学家的生命历程》里提到发生在 1812 年的一件事，有一天晚上，我坐在剑桥大学分析学会办公室里，神志恍惚地低头看着面前打开的一张对数表。一位会员走进屋来，瞧见我的样子，忙喊道："喂！你梦见什么啦？"我指着对数表回答说："我正在考虑这些表也许能用机器来计算！"

图 1-10　巴贝奇——现代计算机之父

巴贝奇的第一个目标是制作一台"差分机"。所谓"差分",即把函数表的复杂算式转化为差分运算,用简单的加法代替平方运算,快速编制不同函数的数学用表。由于当时工业技术水平极低,第一台差分机从设计绘图到机械零件加工,都由巴贝奇亲自动手实施。巴贝奇耗费了整整 10 年时间,于 1822 年完成了第一台差分机。这台差分机可以处理 3 个不同的 5 位数,计算精度达到 6 位小数,能演算好几种函数表。成功的喜悦激励着巴贝奇,他上书英国皇家学会,请求政府资助他建造第二台计算精度达 20 位的大型差分机。英国政府同意为这台机器提供 1.7 万英镑的资助,巴贝奇自己也投资了 1.3 万英镑,以弥补研制经费的不足。

第二台差分机约有 25000 个零件,零件误差要求不超过每英寸千分之一,用蒸汽机驱动。巴贝奇把机器交给英国最著名的机械工程师约瑟夫•克莱门特所属工厂制造,但工程进度十分缓慢。10 年过去了,全部零件只完成了一半。参加试验的同事们纷纷离去,巴贝奇又独自苦苦支撑了 10 年,最后只得将图纸和部分零件送进博物馆保存。巴贝奇一共绘制了 21 张大型差分机设计图纸。1991 年,为纪念巴贝奇诞辰 200 周年,英国肯辛顿(Kensington)科学博物馆根据这些图纸重新建造了一台差分机。复制过程中,发现图纸只存在几处小错误。复制者特地采用 18 世纪中期的技术设备,不仅成功地造出了机器,而且机器可以正常运转。他们猜想,当年巴贝奇没能完成大型差分机研制,或许不完全是技术方面的问题。

1842 年,巴贝奇失去英国政府的一切资助,同时也遭到科学界同行的排斥,同行公然称差分机"毫无价值"。然而,巴贝奇没有灰心丧气,他为自己确定了一项更大胆的计划,即研制一台通用计算机。这种新机器被命名为"分析机",巴贝奇希望它能自动解算有 100 个变量的复杂算题,每个数达 25 位,每秒钟运算一次。

巴贝奇设计的分析机不仅包括齿轮式"存储仓库"和"运算室"(即"作坊"),而且还包括他未命名的"控制器"装置,以及在"存储仓库"和"作坊"之间运输数据的输入输出部件,如图 1-11 所示。巴贝奇以他的天才思想,划时代地提出了具有类似于现代计算机五大部件的逻辑结构,可以说他所设计的分析机是现代通用计算机的雏形。

图 1-11　分析机——现代通用计算机的雏形

1.2.4　现代计算机

计算机科学的奠基人是英国数学家图灵(A.Turing)(图 1-12)。在二战期间，为了能彻底破译德国的军事密电，图灵设计并完成了真空管机器 "Colossus" 的制造，多次成功地破译了德国作战密码，为反法西斯战争的胜利作出了卓越的贡献。他为计算机科学作出了两个重要贡献：①建立图灵机模型，奠定了可计算理论的基础；② 提出图灵测试，阐述了机器智能的概念。

图 1-12　图灵

1. 图灵机

图灵计算机(简称图灵机)是一个抽象的机器，是图灵于 1936 年提出的一种抽象计算模型，他将人们使用纸笔进行数学运算的过程进行抽象，用一个虚拟的机器替代人进行数学运算。图灵机的原理：用一条无限长的纸带，纸带分成一个一个的小方格，每个方格有不同的颜色；一个读写头在纸带上移来移去，读写头有一组内部状态，还有一些固定的程序；在每个时刻，读写头从纸带读入一个方格的信息，然后结合自己的内部状态查找程序表，根据程序输出信息到纸带的方格上，并转换自己的内部状态，然后进行移动。图灵机实现计算的过程通过下列两种简单的动作完成。

(1)在纸上写或擦除某个符号。

(2)把注意力从纸的一个位置移到另一个位置。而人要决定下一步的动作，则依赖于人当前所关注的纸上某个位置的符号和人当前的思维状态。

为了模拟人的这种运算过程，图灵构造出一台假想的机器，该机器由以下几部分组成。

(1)一条无限长的纸带。纸带被划分为一个接一个的小方格，每个方格包含一个来自有限字母表的符号，字母表中有一个特殊的符号表示空白。纸带上的方格从左到右编号依次为 0,1,2,…，纸带的右端可以无限伸展。

(2)一个读写头。该读写头可以在纸带上左右移动，它能读出当前所指的方格上的符号，并能改变当前方格上的符号。

(3)一套控制规则。它根据当前机器所处的状态以及当前读写头所指的方格上的符号来确定读写头下一步的动作，并改变状态寄存器的值，令机器进入一个新的状态。

(4)一个状态寄存器。它用来保存图灵机当前所处的状态。图灵机所有可能的状态数目是有限的，并且有一个特殊的状态，称为停机状态。

这就是现代计算机的计算模型，是图灵的伟大发明。图灵机模型为制造计算机奠定了基础，而图灵机在科学上还有三个杰出贡献。

(1)图灵机证明了通用计算理论，肯定了计算机实现的可能性，同时给出了计算机应有的主要架构。

(2)图灵机模型引入了读写、算法和程序语言的概念，极大地突破了过去计算机器的设计理念。

（3）图灵机模型理论是计算学科最核心的理论，因为计算能力就是图灵机的计算能力，很多问题都可以转化到图灵机这个简单的模型上来考虑。

图灵机向人们展示了这样一个过程：程序及其输入可以先保存到存储带上，图灵机按程序一步一步运行直到给出结果，结果也保存在存储带上。图灵也证明，只有图灵机能解决的计算问题，实际计算机才能解决；图灵机不能解决的计算问题，则实际计算机也无法解决。图灵机对研究计算机的一般结构、可实现性和局限性都产生了深远的影响。

1950 年 10 月，图灵在 *Mind* 上发表了著名论文《计算机器与智能》(*Computing Machinery and Intelligence*)。他指出，如果一台机器对质问的响应与人类做出的响应完全没有区别，那么这台机器就具有智能。今天，人们将这个论断称为图灵测试，它奠定了人工智能的理论基础。

图灵既是计算机之父，也是人工智能之父。为纪念图灵对计算机的贡献，美国计算机协会(association for computing machinery，ACM)于 1966 年创立了"图灵奖"，它是计算机领域的国际最高奖项，被誉为"计算机界的诺贝尔奖"，每年将该奖颁发给在计算机科学领域作出重要贡献的研究人员。

2. 冯·诺依曼计算机

另一位被称为计算机之父的是美籍匈牙利数学家冯·诺依曼(图 1-13)。他和同事研制了世界第二台电子计算机 EDVAC，对后来的计算机在体系结构和工作原理上产生了重大影响。EDVAC 采用"存储程序"的概念，以此概念为基础的各类计算机统称为冯·诺依曼计算机。几十年来，虽然计算机在性能、运算速度、工作方式、应用领域等方面有了变化，但基本结构没有改变，仍属于冯·诺依曼计算机。而冯·诺依曼曾提到，他的关于计算机"存储程序"的灵感来自图灵机。

图 1-13　冯·诺依曼

以存储程序原理为基础的各类计算机，统称为冯·诺依曼计算机。冯·诺伊曼计算机具有以下基本特点。

(1)计算机由运算器、控制器、存储器、输入设备和输出设备五大部件组成。

(2)采用存储程序的方式，程序和数据存放在同一存储器中，并且没有对两者加以区分，指令和数据一样可以送到运算器进行运算，即由指令组成的程序是可以修改的。

(3)指令和数据均以二进制编码表示，采用二进制运算。

(4)指令由操作码和地址码组成，操作码用来表示操作的类型，地址码用来表示操作数和操作结果的地址。操作数类型由操作码决定，操作数本身不能判定其数据类型。

(5)指令在存储器中按其执行顺序存放，由指令计数器(又称程序计数器)指明要执行的指令所在的存储单元的地址。一般情况下，每执行完一条指令，指令计数器顺序递增。指令的执行顺序可随运算结果或外界条件而改变。

(6)机器以运算器为中心，输入/输出设备与存储器之间的数据传送都通过运算器完成。

图 1-14　世界上第一台电子计算机 ENIAC

目前，世界公认的第一台计算机是 1946 年 2 月由宾夕法尼亚大学研制成功的电子数字积分计算机(electronic numerical integrator and computer，ENIAC)，如图 1-14 所示。这台计算机从 1946 年 2 月开始投入使用，到 1955 年 10 月停止使用，服役 9 年多。虽然它每秒只能进行 5000 次加减运算，但它预示了科学家们将从繁重的计算中解脱出来。人们认为，ENIAC 的问世表明电子计算机时代到来，具有划时代意义。

1.3　信　　息

随着计算机技术的兴起和发展，"IT"这一缩略语逐渐被大家熟知。"IT"是"information technology"的首字母缩写，翻译为"信息技术"。下面介绍什么是信息。

1.3.1　信息的概念

信息最早源于拉丁文"informatio"，其英文为"information"，指通知、报道、音信或消息。在我国文史资料记载中，"信息"一词最早出现在唐代诗人杜牧的《寄远》中："塞外音书无信息，道傍车马起尘埃"，南唐诗人李中的《暮春怀故人》中"梦断美人沉信息，目穿长路倚楼台"，此处"信息"指音信、消息。1948 年美国数学家香农首先将"信息"作为一个科学概念引入通信领域，信息的科学含义才被逐渐揭示出来。随着信息理论的迅速发展和信息概念的不断深化，信息的内容早已超越狭义的通信范畴。信息作为科学术语，在不同的学科具有不同的含义。

(1) 管理领域：信息是用于决策的有效数据。

(2) 控制论领域：信息既不是物质，也不是能量。

(3) 通信领域：信息是事物运动状态或存在方式的不确定描述。

(4) 数学领域：信息是概率论的扩展，是负熵。

(5) 哲学领域：信息是事物的运动状态和方式。

本书则认为信息是事物发出的信号、消息等，是对客观世界中各种事物状态、特征及其变化的反映。消息、情报、命令、数据、文字、图形、图像等都是信息的具体表现。

1.3.2　信息的特征

信息有其固有的本质属性。总体上看，信息主要具有可识别性、共享性、可伪性、时效性以及价值相对性等特征。

1. 可识别性

信息的可识别性是指信息可以通过某种媒介，以某种方式被人所感知，进而人可掌握信息所反映的客观事物的状态。随着科学技术的发展，人感知信息的手段和能力将不断提升，获取的信息也将越来越准确和越来越多。

2. 共享性

信息的共享性是指信息可以无限制地被复制、传播或分发给多人，实现多人共享相同的信息。信息的共享性具体体现在：①信息脱离所反映的事物而独立存在，并通过载体能够在不同空间和不同对象之间进行传递；②信息不是物质，不需要遵循能量守恒原则，共享时没有损耗，因此可以被大量复制、广泛传递。

3. 可伪性

信息的可伪性是指信息能够被人主观地加工、改造进而产生变化，使信息失真甚至使人对信息产生错误的理解和认识。

4. 时效性

信息的时效性是指信息的价值会随时间的推移而改变。由于事物本身处在不断发展变化之中，因此信息必须随之变化才能准确反映事物的运动状态和状态的变化方式。

5. 价值相对性

信息的价值相对性是指同样的信息对于不同的人具有不同的价值。这是由于信息的价值与信息接收者的观察、想象、思维能力以及注意力和记忆力等智力因素密切相关，同时也依赖于接收者的知识结构和知识水平。相同的信息对于不同的人会产生不同的效果和结果。

1.3.3　对信息的认知

信息与物质是两个不同的概念。信息最显著的特点是不能独立存在，信息的存在必须依托载体。

众所周知，人获得信息的渠道包括视、听、嗅、尝、触五种方式，即我们通常说的"五感"。自然而然，把通过"视"这一方式感知到的信息归类为"图像信息"；把通过"听"这一方式感知到的信息归类为"声音信息"；把通过"嗅"这一方式感知到的信息归类为"气味信息"；把通过"尝"这一方式感知到的信息归类为"味道信息"；把通过"触"这一方式感知到的信息归类为"触感信息"。相应地，人针对"图像信息"抽象出"绘画""文字""写真""图形"等概念；针对"声音信息"抽象出"语言""音乐"等概念；针对"气味信息"抽象出"香""臭"等概念；针对"味道信息"抽象出"酸""甜""苦""辣"等概念；针对"触觉信息"抽象出"粗糙""光滑""软""硬"等概念。进一步地，人为了记录和承载"图像信息"找到了龟甲、木板等材料，发明了"纸张""画布""相纸""DVD"等物理载体；为了记录和承载"声音信息"发明了"留声机""磁带""CD"物理载体；为了记录和承载"气味信息""味道信息"和"触觉信息"发明了"熏香""香水""樟脑丸""味精"等通过多孔、密封等手段留存气体、液体和固体物质的物理载体。

信息的分类如下。

(1)依据载体的不同分为四大类：文字、图形(图像)、声音、视频。

(2)依据表现形式分为声音、图片、温度、体积、颜色等。

(3)按照应用领域分为工业信息、农业信息、军事信息、政治信息、科技信息、文化信息、经济信息、市场信息和管理信息等。

(4)按照应用学科分为电子信息、财经信息、天气信息、生物信息。

1.3.4 信息论

作为科学术语，"信息"最早出现在哈特莱于 1928 年撰写的《信息传输》中。1948年 10 月，美国数学家克劳德·艾尔伍德·香农（图 1-15）在 *Bell System Technical Journal*（《贝尔系统技术学报》）上发表论文 *A Mathematical Theory of Communication*（通信的数学理论）。这篇论文成为现代信息论研究的开端，香农也因此被称为"信息论之父"。

图 1-15 克劳德·艾尔伍德·香农

在科学史上，有学者认为，香农是足以和牛顿、爱因斯坦齐名的天才人物。香农不仅开创了信息论，而且直接把人类带入信息时代。为纪念香农在信息通信领域作出的杰出贡献，IEEE 信息论学会设置了"香农奖"（全称克劳德·E.香农奖）旨在表彰对信息理论领域持续而深远的贡献。香农奖是信息理论领域的最高荣誉，也被称为信息领域的诺贝尔奖。

信息论是以概率论、随机过程为基本研究工具，研究广义通信系统的整个过程，而不是整个环节，并以编码器、译码器为重点，其关心的是最优系统的性能及如何达到该性能（并不具体设计环节，也不研究信宿）。而香农提出了信息熵的概念，为信息论和数字通信奠定了基础。他证明熵与信息内容的不确定程度是等价关系，抓住了信息最本质的特征——消除不确定性（一条信息究竟有多大的信息量，在于它能消除多少不确定性）。熵曾经是波尔兹曼在热力学第二定律中引入的概念，可以把它理解为分子运动的混乱度。香农将统计物理中熵的概念引申到信道通信的过程中，从而开创了"信息论"这门学科。信息熵的定义如下：

$$H(X) = -\sum_{X \in N} p(X) \ \log p(X) \tag{1.1}$$

信息熵的提出，给了我们一个量化"信息"这一抽象概念的科学的量化工具，使得我们可以实实在在地度量"信息"这一高度抽象的对象。在信息论中，互信息是另一有用的信息度量工具，它是指两个事件集合之间的相关性。两个事件 X 和 Y 的互信息定义为

$$H(X,Y) = H(X) + H(Y) - H(X,Y) \tag{1.2}$$

式中，$H(X, Y)$ 为联合熵，其定义为

$$H(X,Y) = -\sum_{X \in N}\sum_{Y \in N} p(X,Y)\ \log p(X,Y) \tag{1.3}$$

1.4　信　息　技　术

1.4.1　信息技术的概念

"信息技术"一词最早在 1958 年由哈罗德·J.莱维特及托马斯·L.惠斯勒提出。美国信息技术协会(information technology association of America，ITAA)将信息技术定义为对以计算机为基础之信息系统的研究、设计、开发、应用、实现、维护或应用。

信息技术主要应用计算机科学和通信技术来设计、开发、安装和实施信息系统及应用软件。它也常被称为信息和通信技术(information and communications technology，ICT)，主要包括传感技术、计算机与智能技术、通信技术和控制技术。

当前所说的信息技术主要指基于电子技术的信息技术，包括三个层面：基础信息技术、主体信息技术和应用信息技术。

(1)基础信息技术主要包括微电子技术、光电子技术、真空电子技术、超导电子技术和分子电子技术等。信息技术和信息系统在性能上的提高，归根结底来源于基础信息技术的进步。

(2)主体信息技术是指信息获取技术、信息传输技术、信息处理技术和信息控制技术等。这四项技术称为信息技术的"四基元"。

(3)应用信息技术泛指以上信息技术派生出来的针对各种应用目的的技术。它包含信息技术在军事、工业、农业、交通运输、科学研究、文化教育、商业贸易、医疗卫生、体育运动、文学艺术、社会服务等各个领域的应用，以及随之而形成的各行各业的信息系统。

1.4.2　信息技术的产生

信息技术是人类在发现、运用和管理信息的过程中逐渐发展起来的，其起源和发展紧密伴随人类的进步和发展。而有了信息的物理载体，信息才有传递和传播的可能。语言是人类表达和传输信息的第一载体，也是人类社会中最方便、最复杂、最通用和最重要的信息载体系统。随着生产力的发展和社会的不断进步，文字成为信息的第二载体。文字的出现，为信息的表达、存储和跨越时空的传输提供了可能，是人类的一大进步，为人类文明的积累和传承作出了巨大的贡献。

伴随人类文明的发展，人们对信息的需求越来越多样化。在文字方面，发明了甲骨、

竹简、羊皮、纸张、墨、毛笔、铅笔、钢笔、圆珠笔、打字机等工具；在图画方面，产生了绘画、皮影、动画、电影等信息传递方式，发明了画布、油墨、水墨、剪纸、胶片、放映机等工具；为了远距离传输图像信息，发明了烽火硝烟、旗语、望远镜等工具；对于声音信息，产生了音乐、鼓声、号声、哨声等信息传递方式，发明了钟、鼓、弦乐器、喇叭、回声壁、留声机、唱片、电话、录音带、CD、DVD 等信息媒体和工具。可以说，人类历史就是一部发现信息、运用信息和传承信息的历史。

1.4.3　信息技术的分类

信息技术一般可以从以下几个维度来进行划分。

1. 表现形态

按表现形态，信息技术可分为硬技术(物化技术)与软技术(非物化技术)。前者指各种信息设备及其功能，如显微镜、电话机、通信卫星、多媒体电脑。后者指有关信息获取与处理的各种知识、方法与技能，如语言文字技术、数据统计分析技术、规划决策技术、计算机软件技术等。

2. 工作流程

按工作流程，信息技术可分为信息获取技术、信息传递技术、信息存储技术、信息加工技术及信息标准化技术。信息获取技术涉及信息的搜索、感知、接收、过滤等，如显微镜、望远镜、气象卫星、温度计、钟表、Internet 搜索器中的技术等。信息传递技术指跨越空间共享信息的技术，其又可分为不同类型，如单向传递与双向传递技术，以及单通道、多通道与广播传递技术。信息存储技术指跨越时间保存信息的技术，如印刷、照相、录音、录像、缩微、磁盘、光盘技术等。信息加工技术是对信息进行描述、分类、排序、转换、浓缩、扩充、创新等的技术。信息加工技术的发展已有两次突破：①使用机械设备(如算盘、标尺等)进行信息加工；②使用电子计算机与网络进行信息加工。信息标准化技术是指使信息的获取、传递、存储、加工各环节有机衔接，提高信息交换与共享能力的技术，如信息管理标准化技术、字符编码标准化技术、语言文字规范化技术等。

3. 信息设备

按信息设备，信息技术可分为电话技术、电报技术、广播技术、电视技术、复印技术、缩微技术、卫星技术、计算机技术、网络技术等。

4. 信息感知种类

按信息感知种类，信息技术可分为图像技术、声音技术、气体技术、味觉技术和触感技术。

5. 技术的功能层次

按技术的功能层次，信息技术可分为基础层次的信息技术(如新材料技术、新能源技术)、支撑层次的信息技术(如机械技术、电子技术、激光技术、生物技术、空间技术等)、主体层次的信息技术(如感测技术、通信技术、计算机技术、控制技术)和应用层次(如文化教育、商业贸易、工农业生产、社会管理)的信息技术。

1.4.4　现代信息技术分代

现代信息技术的核心是计算机，计算机决定了信息技术的升级换代，按照计算机硬件和计算模式的不同，现代信息技术有以下两种不同分代。

1. 按照计算机硬件分代

1) 电子管时代(1946～1959 年)

1883 年，爱迪生发现，碳丝加热后有热电子从碳丝里发射出来，被阳极电极收集形成电流，使得铜线上有微弱的电流通过，即"爱迪生效应"。1904 年，英国物理学家弗莱明根据"爱迪生效应"发明了电子管。

第一代电子计算机是电子管计算机，其基本特征是采用电子管作为计算机的逻辑元件。由于当时电子技术的限制，其每秒仅能运算几千次，内存容量仅几千字节。电子管计算机体积大、发热量高、易损坏、造价高昂，主要用于军事和科学研究领域。

2) 晶体管时代(1959～1964 年)

1947 年，贝尔实验室的肖克利、巴丁和布拉顿发明了晶体管，开辟了电子时代新纪元。晶体管的发明大大促进了计算机的发展，晶体管代替了体积庞大的电子管，电子设备的体积减小。1956 年，晶体管在计算机中被使用，晶体管和磁芯存储器促使第二代计算机产生。第二代计算机的主存储器均采用磁芯存储器，磁鼓和磁盘用作主要的外存储器，程序设计语言使用更接近于人类自然语言的高级程序设计语言，应用领域也从科学计算扩展到事务处理、工程设计等多个方面。第二代计算机体积小、速度快、功耗低、性能更稳定。

1954 年美国贝尔实验室建成世界上第一台晶体管计算机 TRADIC，如图 1-16 所示。1960年，出现了一些成功用在商业领域、大学和政府部门的第二代计算机。第二代计算机用晶体管代替电子管，并具有现代计算机的一些部件，如打印机、磁带、磁盘、内存、操作系统等。计算机中存储的程序使得计算机有很好的适应性，可以更有效地用于商业用途。在这一时期出现了更高级的 COBOL(common business-oriented language)和 FORTRAN(formula translator)等语言，以单词、语句和数学公式代替含混晦涩的二进制机器码，使计算机编程更容易。新的职业(程序员、分析员和计算机系统专家)和整个软件产业由此诞生。

图 1-16　晶体管计算机 TRADIC

3) 集成电路时代(1964～1972 年)

　　尽管晶体管的采用大大缩小了计算机体积,降低了计算机价格,减少了计算机故障,但各行业对计算机产生了较大的需求,研发性能更好、体积更小、更便宜的机器成了当务之急,而集成电路的发明成为“及时雨”,其高度的集成性使计算机体积减小,速度加快,故障减少。

　　1964～1972 年的计算机一般被称为第三代计算机。它使用大量集成电路,典型的机型是 IBM 360 系列。第三代计算机采用中小规模的集成电路块代替晶体管等分立元件,半导体存储器逐步取代磁芯存储器的主存储器地位,磁盘成了不可缺少的辅助存储器,计算机进入产品标准化、模块化、系列化的发展时期,计算机的管理、使用方式也由手工操作完全改变为自动管理,计算机的使用效率显著提高。

　　1964 年,IBM 公司研制出计算机历史上最成功的机型之一 IBM S/360(图 1-17)。IBM S/360 具有极强的通用性,适用于各类用户。IBM S/360 成为第三代计算机的标志性产品。

　　虽然晶体管比起电子管是一个明显的进步,但晶体管仍会产生大量的热量,这会损害计算机内部的敏感部件。1958 年美国德州仪器公司的工程师基尔比(kilby)发明了集成电路,将三种电子元件集成到一片小小的硅片上。于是,计算机的体积变得更小,功耗更低,速度更快。

图 1-17　第三代计算机的标志性产品 IBM S/360

4）大规模集成电路时代（1972 年至今）

1972 年以后的计算机习惯上称为第四代计算机。第四代计算机使用大规模和超大规模集成电路，主存储器均采用半导体存储器，主要的外存储器包括磁带、磁盘、光盘。在这一时期，微处理器和微型计算机诞生。而多媒体技术和网络技术的广泛应用，让计算机深入社会的各个领域。

1981 年，IBM 推出个人计算机，用于家庭、办公室和学校。20 世纪 80 年代个人计算机的市场竞争使得计算机价格不断下跌，微机的拥有量不断增加，而计算机的体积也继续缩小，虽然第四代计算机功能更强，体积更小，但人们开始怀疑计算机体积能否继续缩小，发热量问题能否得到解决。于是，研究人员开始探索开发第五代计算机。

2. 按照计算模式分代

1）中心机计算模式——大型主机阶段（20 世纪 40～50 年代）

在这一阶段，信息技术经历了电子管数字计算机、晶体管数字计算机、集成电路数字计算机和大规模集成电路数字计算机的发展历程，计算机技术逐渐走向成熟。

2）主机计算模式——小型计算机阶段（20 世纪 60～70 年代）

在这一阶段，大型主机进行了第一次"缩小化"，缩小后的计算机可以满足中小企业等的信息处理要求，成本较低，价格可接受。

3) 个人计算模式——微型计算机阶段(20 世纪 70~80 年代)

在这一阶段,大型主机进行了第二次"缩小化"。1976 年美国苹果公司成立,1977 年它推出了 Apple 计算机,并大获成功。1981 年 IBM 公司推出 IBMPC,此后它经历若干代的演进,占领了个人计算机市场,使得个人计算机得到普及。

4) 客户端/服务器计算模式

1964 年 IBM 与美国航空公司建立全球第一个联机订票系统,把美国当时 2000 多个订票的终端用电话线连接在一起,服务器是网络的核心,客户端是网络的基础,客户端依靠服务器获得所需要的网络资源,而服务器为客户端提供必需的网络资源。

5) 浏览器/服务器计算模式——Internet 阶段(也称互联网、因特网阶段)

在这一阶段,广域网、局域网及单机按照一定的通信协议组成国际计算机网络。

6) 云计算模式

从 2008 年起,云计算逐渐流行起来。云计算被视为"革命性的计算模型",因为它使得超级计算能力通过互联网自由流通成为可能。

1.4.5 信息技术的发展

信息技术的发展是指随着科技的进步,人类对信息的处理和传输方式不断提升和创新的过程。近年来,信息技术取得了巨大的发展,对社会和经济的影响也日益深远。以下是信息技术的发展趋势和重要领域。

1. 人工智能

人工智能(artificial intelligence,AI)是模拟和模仿人类智能的计算机系统,它可以通过机器学习和大数据分析,实现语音识别、图像识别、自然语言处理等智能化功能。

2. 云计算

云计算技术利用网络的巨大计算能力和存储资源,为用户提供灵活的计算和存储服务。云计算具有可扩展性、弹性和节约成本等优势,被广泛应用于企业和个人领域。

3. 大数据

随着数据的爆炸性增长,大数据技术被用于处理和分析海量的结构化和非结构化数据,从中发现模式和洞察信息。

4. 物联网

物联网(internet of things,IoT)利用传感器和网络连接物体和设备,实现智能化和自动化的监测、控制和管理。物联网的应用包括智能家居、智慧城市、可穿戴设备等。

5. 虚拟和增强现实

虚拟现实技术创造了一个虚拟的环境，用户可以与之进行互动。增强现实技术则是将虚拟的数据与真实世界进行融合，提供更丰富的用户体验。

这些技术的发展对于提高生产力、改善生活质量、推动社会进步具有重要作用。信息技术的不断创新和发展将带来更多的机遇和挑战，需要我们不断学习和适应。

1.5　本　章　小　结

数是人类创造的，是用来表示量的多少的符号；而量是一种客观存在的事物的大小、范围、程度等属性。有了数，就有了计算、计算规则，而计算规则为计算自动化奠定了基础。世界最有名的计算工具当属中国发明的算盘、帕斯卡发明的加法器、莱布尼茨发明的乘法器和巴贝奇发明的差分机，而图灵、冯·诺依曼等发明制造的通用电子计算机则是目前最伟大的计算工具之一，为人类社会开启了现代信息社会新生活模式。

信息是事物发出的信号、消息等，是对客观世界中各种事物的状态、特征及其变化的反映，具有可识别性、共享性、可伪性、时效性以及价值相对性等特征。香农开创了信息论，直接把人类带入信息时代，而信息熵的提出，量化了"信息"这一抽象概念，使得人类可以实实在在地度量"信息"这一高度抽象的对象。

计算机的发明和广泛应用，使得信息技术发生了根本变化，利用计算机、通信网络等各种硬件设备及软件工具，能对文字、图像、声音、气味、触感信息等进行获取、加工、存储、传输与使用。信息技术正朝着智能化、云计算、大数据、物联网、虚拟和增强现实的方向发展。

思考练习题

1. 数和量是什么？数与量的关系有哪些？
2. 请论述算盘计算规则与算术计算规则的关系，并举例说明。
3. 简述帕斯卡的加法器实现原理。
4. 简述莱布尼茨的乘法器实现原理。
5. 叙述图灵机实现的原理以及图灵机在科学上的重要贡献。
6. 简述冯·诺依曼计算机体系结构及其工作原理。
7. 信息在不同学科有什么含义且它们之间有什么关系？
8. 信息的三要素是什么，如何理解？
9. 简述信息的特征。

10. 信息的产生与人的五种器官有什么关联？请举例说明。
11. 有没有超越人的五种感知的信息获取方式？请举例说明。
12. 信息技术有哪几种不同的分类？
13. 请论述信息技术未来的发展方向及其应用场景。

第2章 计算基础

我常说：当你能衡量你正在谈论的东西并能用数字加以表达时，你才真的对它有了几分了解；而当你还不能测量，也不能用数字表达时，你的了解就是肤浅的和不能令人满意的。尽管了解也许是认知的开始，但在思想上则很难说你已经进入了科学的阶段。

——开尔文

2.1 计算的本质

庄子说过"吾生也有涯，而知也无涯。以有涯随无涯，殆已！已而为知者，殆而已矣！"，以有限的生命去学习无尽的知识是很愚蠢的。所以，学习的终极目标一定不是知识本身。我们应该学什么，什么东西才是永恒的？比如，学习哲学(或者叫哲科)，或者学习方法论，或者学习抽象模型等。计算的本质是什么？我们该学什么？

2.1.1 抽象模型

现实中，我们会发现各个学科都有自己的抽象模型，这些模型有的相似，更多的是各不相同。例如，数学公式就是抽象模型，且是抽象模型的完美体现。而对认知结构的拓展其实就是对模型边界的拓展，我们拥有的模型越多，我们的认知就越丰富。那么，对于计算机学科来说，需要掌握的就是"计算机模型"，如图 2-1 所示。

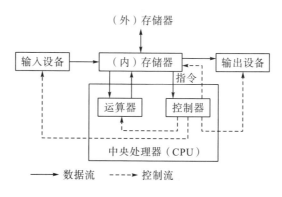

图 2-1 冯·诺依曼计算机模型

2.1.2　计算机的计算

计算机是以二进制和存储为基础进行运算，计算机只能识别 0 和 1，通过存储的 0、1 来表示各种信息。

2.1.3　计算特征

计算是人思想的表现。计算和语言、文字一样，是人类发展历史长河中慢慢形成的知识，是思维抽象后逐渐形成的特有智慧。计算具有符号化、规则化、自动化三大基本特征。

1. 符号化

面对纷繁复杂的现实世界，人类对事物首先形成数量化概念，然后又从量抽象出数，通过语言文字表示数。阿拉伯数字 0、1、2……，中文的一、二、三……壹、贰、叁……，还有罗马数字等，都是数的符号化表示，映射现实世界中的万事万物，是量的符号化反映。另外，我们生活中的加、减、乘、除，也通过+、−、×、÷等表达方式实现其符号化表示，这是我们能实现通用计算的基础。

2. 规则化

计算是人的思维过程。必须把思维过程变成大家都明白、认可、遵从的约定，计算才能得以实施和推行，这种约定称为计算规则。例如，1+1=2、2×3=6、九九珠算表等，就是在符号化的基础上制定的规则。规则是计算的核心，有了规则，才能完成计算，其结果才能得到大家的认可。

3. 自动化

长期以来，人类都只能靠自己的大脑进行计算，但一直希望有工具能替代人脑完成计算。用绳子打结可以说是最原始的计算方法；中国的算盘和珠算是一种完美的计算工具和计算方法，能部分实现计算的自动化；近代帕斯卡的加法器、莱布尼茨的乘法器，是杰出的自动化计算工具，它们都能在计算规则的基础上完成人脑才能完成的计算。但是，真正意义上的自动化计算工具，是 1946 年发明的通用电子计算机，它能够完全按照人的思想、思维方式进行计算。

2.2 数 的 进 制

数的进制简称数制，是人们对数量计数的一种方法。我们用得最多的是十进制数制，在生活中也常用到秒、分钟的六十进制、时钟的二十进制等，而在计算机世界里使用的是二进制。

2.2.1 数与数制

用来计数的数字（如 1,2,3…）被称作自然数，但并非所有的数都是自然数，如负数、小数、分数、$\sqrt{2}$、圆周率 π 等。

数制是指使用 R 个基本符号，并且用这些符号排列出的符号串来表示数值，称 R 为数制的"基"，基数 R 要满足"逢 R 进位"规则，同时为符号串中的每一个位置给一个定值，称这个值为该位置的权。因此，对于一个数来说，由基、位置、位权（简称权）来描述数的数值。例如，一个基数为 R 的整数 N，可以书写为

$$D_{m-1}D_{m-2}\cdots D_i\cdots D_1D_0 . D_{-1}D_{-2}\cdots D_{-k} \qquad (2.1)$$

这里 $D_i (-k \leqslant i \leqslant m-1)$ 表示基数 R 中的任意一个符号。例如，十进制数 $N=324$ 写作 $D_2D_1D_0$，这里 $D_2=3$，$D_1=2$，$D_0=4$。

因此，可将任意数制的数 N 表示为以下通式，即数制的位置记数法：

$$\begin{aligned}(N)_R &= D_mD_{m-1}\cdots D_1D_0 . D_{-1}D_{-2}\cdots D-k \\ &= D_m \times R^m + D_{m-1} \times R^{m-1} + \cdots + D_1R^1 + D_0 \times R^0 + D_{-1} \times R^{-1} + D_{-2} \times R^{-2} + \cdots + D_{-k} \times R^{-k}\end{aligned} \qquad (2.2)$$

式中，$(N)_R$ 表示 R 进制的数 N，该数共有 $m+k+1$ 位，m 和 k 为正整数；D_i 表示 R 进制基本符号中的任意一个。

在位置记数法中，一个数的数值等于它的各位置值的总和，而每一个位置的值则等于该位置的符号表示的值乘以它在数中的位置所对应的权。例如，十进制数 $N=324$ 用位置记数法表示为 $N = 3\times10^2+2\times10^1+4\times10^0$。常用的二进制、八进制、十进制、十六进制数制的基、位权及基本符号总结见表 2-1。

表 2-1 各种进制的基、位权及基本符号

进制名称	基(R)	位权(对应十进制值)	基本符号
十进制	10	$\cdots 10^3, 10^2, 10^1, 10^0, 10^{-1}, 10^{-2}, 10^{-3}\cdots$	0, 1, 2, $\cdots$, 9
二进制	2	$\cdots 2^3, 2^2, 2^1, 2^0, 2^{-1}, 2^{-2}, 2^{-3}\cdots$	0, 1
八进制	8	$\cdots 8^3, 8^2, 8^1, 8^0, 8^{-1}, 8^{-2}, 8^{-3}\cdots$	0, 1, 2, $\cdots$, 7
十六进制	16	$\cdots 16^3, 16^2, 16^1, 16^0, 16^{-1}, 16^{-2}, 16^{-3}\cdots$	0, 1, 2, $\cdots$, 9, A, B, C, D, E, F

表 2-1 是用十进制来说明其他进制的，因为二进制、八进制、十六进制的基数 R 用二

进制、八进制、十六进制本身的符号来表示，因此，为了区别表示为 $(10)_2$、$(10)_8$、$(10)_{16}$，对应到十进制才是 2、8、16。

例 2.2-1   八进制数 N=324 用位置记数法表示如下。

$$N = 3 \times (10)_8^2 + 2 \times (10)_8^1 + 4 \times (10)_8^0$$
$$= (324)_8$$
$$= (212)_{10}$$

例 2.2-2   十六进制数 N=324 用位置记数法表示如下。

$$N = 3 \times (10)_{16}^2 + 2 \times (10)_{16}^1 + 4 \times (10)_{16}^0$$
$$= (324)_{16}$$
$$= (804)_{10}$$

2.2.2   数制的表示

数制常用的表示方法有下标法和字母法。

1. 下标法

下标法是指用小括号将所表示的数括起来，然后在括号外的右下角写上数制的基 R。

例 2.2-3 $(1001.01)_2$、$(751)_8$、$(560)_{10}$、$(63AC)_{16}$ 分别表示二进制数 1001.01、八进制数 751、十进制数 560 和十六进制数 63AC。

2. 字母法

在字母法中，代表进制的字母在所表示的数的末尾。进制与对应的字母见表 2-2。

表 2-2   进制与字母

进制	十进制	二进制	八进制	十六进制
所用字母	D	B	Q	H

由于常用的数制为十进制，因此，对于十进制数，习惯省略其末尾的字母 D。

例 2.2-4   数 1001.01B、751Q、560、63ACH 分别表示二进制数 1001.01、八进制数 751、十进制数 560 和十六进制数 63AC。

2.2.3   数制间的转换

数制是一个概念，数值是一个概念，同一数值在不同数制之间表现出来的形式是不一样的。比如，十进制数 12，用二进制表示是 1100，用八进制表示是 14，而用十六进制表示是 C，即 12 = 1100B = 14Q = CH，或者 $(12)_{10} = (1100)_2 = (14)_8 = (C)_{16}$。

1. 常用进制的基本转换

十进制是人们使用的进制，二进制是计算机使用的进制，为了便于书写理解，使用了八进制、十六进制。这四种进制最基本的数值对应关系见表 2-3。

表 2-3　不同数制间基本数值的对应关系

十进制	二进制	八进制	十六进制
0	0	0	0
1	1	1	1
2	10	2	2
3	11	3	3
4	100	4	4
5	101	5	5
6	110	6	6
7	111	7	7
8	1000	10	8
9	1001	11	9
10	1010	12	A
11	1011	13	B
12	1100	14	C
13	1101	15	D
14	1110	16	E
15	1111	17	F

2. 数制间数值转换公式

现有基数为 R（其符号为 $P_0, P_1, \cdots, P_{R-1}$）的数 N，下面是把 N 转换为基数为 S 的等值数 M 的推导过程。

N 用位置记数法表示为

$$(N)_R = D_m D_{m-1} \cdots D_1 D_0 . D_{-1} D_{-2} \cdots D_{-k}$$
$$= D_m \times R^m + D_{m-1} \times R^{m-1} + \cdots + D_1 \times R^1 + D_0 \times R^0 + D_{-1} \times R^{-1} + D_{-2} \times R^{-2} + \cdots + D_{-k} \times R^{-k}$$

按照数制间的关系，首先把 $D_i (-k \leqslant i \leqslant m)$ 对应的 S 进制中的数找出来，即找出所有 $(D_i)_R$ 对应的 $(M_i)_S$［M_i 是基数为 S 进制的数值（不一定是 S 基数的符号值）］，以及 $(R)_R$ 对应的 $(S_R)_s$。这样，转换为基数为 S 进制的值就是

$$M = M_m \times S_R^{m} + M_{m-1} \times S_R^{m-1} + \cdots + M_1 \times S_R^{1} + M_0 \times S_R^{0} + M_{-1} \times S_R^{-1} + M_{-2} \times S_R^{-2} + \cdots + M_{-k} \times S_R^{-k} \quad (2.3)$$

例 2.2-5　把 $(63AC)_{16}$ 转换为十进制数值。

分析：首先应使用十六进制的位置记数法，然后按照十六进制数值与十进制数值的对应关系，把所有十六进制数值转换为十进制数值，具体转换如下。

$$(63AC)_{16} = (6 \times 10^3 + 3 \times 10^2 + A \times 10^1 + C \times 10^0)_{16}$$
$$= (6 \times 16^3 + 3 \times 16^2 + 10 \times 16^1 + 12 \times 16^0)_{10}$$
$$= (25516)_{10}$$

例 2.2-6 把 $(1101.101)_2$ 转换为十进制数值。

$$
\begin{aligned}
(1101.101)_2 &= (1\times10^{11}+1\times10^{10}+0\times10^1+1\times10^0+1\times10^{-1}+0\times10^{-10}+1\times10^{-11})_2 \\
&= (1\times2^3+1\times2^2+0\times2^1+1\times2^0+1\times2^{-1}+0\times2^{-2}+1\times2^{-3})_{10} \\
&= (8+4+0+1+0.5+0+0.125)_{10} \\
&= (13.625)_{10}
\end{aligned}
$$

例 2.2-7 把 $(23)_{10}$ 转换为二进制数值。

$$
\begin{aligned}
(23)_{10} &= (2\times10^1+3\times10^0)_{10} \\
&= (10\times1010^1+11\times1010^0)_2 \\
&= (10100+11)_2 \\
&= (10111)_2
\end{aligned}
$$

2.2.4 常用进制的转换

常用进制的转换主要指十进制、二进制、八进制、十六进制之间的转换，二进制、八进制、十六进制转换为十进制直接采用通用转换公式即可。这里介绍十进制转换为二进制的方法。

现有十进制数 368.5625，这个数分为整数部分 368 和小数部分 0.5625。十进制数转换成二进制数，整数部分和小数部分的转换方式是不一样的。

1. 整数的转换

除基取余法：将十进制整数除以要转换的进制的基数，并取余数，从低位向高位逐次进行，然后对商继续进行这一操作，直到余数为零。对于二进制，就是除基数 2。

例 2.2-8 将 $(368)_{10}$ 利用除 2 取余法转换为二进制整数。

$$
\begin{aligned}
&2) \, 368 \,\cdots\cdots\cdots\cdots\, x_0=0 \\
&2) \, 184 \,\cdots\cdots\cdots\cdots\, x_1=0 \\
&2) \, 92 \,\cdots\cdots\cdots\cdots\cdots\, x_2=0 \\
&2) \, 46 \,\cdots\cdots\cdots\cdots\cdots\, x_3=0 \\
&2) \, 23 \,\cdots\cdots\cdots\cdots\cdots\, x_4=1 \\
&2) \, 11 \,\cdots\cdots\cdots\cdots\cdots\, x_5=1 \\
&2) \, 5 \,\cdots\cdots\cdots\cdots\cdots\cdots\, x_6=1 \\
&2) \, 2 \,\cdots\cdots\cdots\cdots\cdots\cdots\, x_7=0 \\
&2) \, 1 \,\cdots\cdots\cdots\cdots\cdots\cdots\, x_8=1 \\
&\quad\; 0 \,\cdots\cdots\cdots\cdots\, \text{余数为 0 结束}
\end{aligned}
$$

即 $(368)_{10}=(x_8 x_7 x_6 x_5 x_4 x_3 x_2 x_1 x_0)_2=(101110000)_2$。

再以例 2.2-7 的 $(23)_{10}$ 采用上述办法来验证该方法的正确性：

$$
\begin{aligned}
&2) \, 23 \,\cdots\cdots\cdots\cdots\, x_0=1 \\
&2) \, 11 \,\cdots\cdots\cdots\cdots\, x_1=1
\end{aligned}
$$

$$2) 5 \ \ldots\ldots\ldots\ldots\ \ x_2 = 1$$
$$2) 2 \ \ldots\ldots\ldots\ldots\ \ x_3 = 0$$
$$2) 1 \ \ldots\ldots\ldots\ldots\ \ x_4 = 1$$
$$0 \ \ldots\ldots\ldots\ldots\ \text{余数为 0 结束}$$

即 $(23)_{10} = (x_4 x_3 x_2 x_1 x_0)_2 = (10111)_2$。

2. 小数的转换

乘基取整法：将十进制小数乘以要转换的进制的基数，并取整数，然后对小数点后的数继续进行这一操作，直到小数点后为零或达到所要求的精度。

例 2.2-9　将 $(0.5625)_{10}$ 利用乘基取整法转换为二进制小数。

$$0.5625$$
$$\underline{\times \quad 2}$$
$$1.1250 \ldots\ldots x_{-1} = 1$$
$$0.1250$$
$$\underline{\times \quad 2}$$
$$0.2500 \ldots\ldots x_{-2} = 0$$
$$0.2500$$
$$\underline{\times \quad 2}$$
$$0.5000 \ldots\ldots x_{-3} = 0$$
$$0.5000$$
$$\underline{\times \quad 2}$$
$$1.0000 \ldots\ldots x_{-4} = 1$$

即 $(0.5625)_{10} = (0.x_{-1} x_{-2} x_{-3} x_{-4})_2 = (0.1001)_2$。

3. 混合小数的转换

十进制混合小数由整数部分和纯小数部分组成。整数部分按除 2 取余法转换为 R 进制数的整数部分，纯小数部分按乘 2 取整法转换为 R 进制数的小数部分，然后再将 R 进制数的整数部分和小数部分组合起来构成 R 进制混合小数。

例 2.2-10　十进制混合小数 $(368.5625)_{10}$ 的整数部分是 368，纯小数部分是 0.5625。将 368 用除 2 取余法转换为二进制数 $(101110000)_2$，将 0.5625 用乘 2 取整法转换为二进制数 $(0.1001)_2$，再将 $(101110000)_2$ 和 $(0.1001)_2$ 相加，可以得到 $(368.5625)_{10} = (101110000.1001)_2$。

4. 二进制、八进制与十六进制间的转换

二进制、八进制与十六进制的转换方法：由 3 位二进制数组成 1 位八进制数，由 4 位二进制数组成 1 位十六进制数。同时有整数和小数部分的数，则以小数点为界，对于小数点前面的整数部分，从右向左，不足的位数（八进制按 3 位、十六进制按 4 位一组）在最左边用 0 补足；对于小数点后面的小数部分，从左向右，不足的位数（八进制按 3 位、十

六进制按 4 位一组)在最右边用 0 补足，然后按照表 2-1 常用进制间基本数的对应关系，分别按照进制替换相应位的数就可以。

例 2.2-11　$(1101.1001)_2 = (001\ 101.100\ 100)_2 = (15.44)_8$。

例 2.2-12　$(10011.1011)_2 = (0001\ 0011.1011)_2 = (13.B)_{16}$。

例 2.2-13　$(2B.F4)_{16} = (0010\ 1011.1111\ 0100)_2 = (101011.111101)_2$。

例 2.2-14　$(34.24)_8 = (011\ 100\ .010\ 100)_2 = (11100.0101)_2$。

因此，十进制转换为八进制、十六进制，可以先转换成二进制，再由二进制转换为八进制、十六进制。

各种进制之间的转换，除采用通用转换公式外，也可以用如图 2-2 所示的方法来实现。

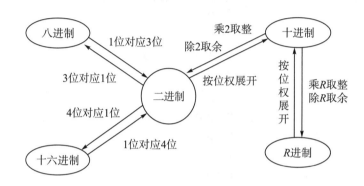

图 2-2　各种进制之间的相互转换

2.3　数据的表示

数据是对客观事物的描述，信息是对客观事物的反映，数据和信息从不同角度描述客观事物，若无特别说明，常常不严格区分数据和信息。但在计算机科学与技术这个学科范畴，更习惯使用数据的概念，而在软件工程学科领域，必须使用数据的概念，"程序=算法+数据结构"是软件工程的基础。

现实世界中的数据或者信息有两大类。一类是表示量多少、大小的数值(或者数字)，它们是数学计算的基础，可以通过运算规则进行计算，如圆周率、年龄等。数值在数学上一般有自然数、整数、有理数、无理数、实数等，其中自然数、整数没有小数部分，有理数、无理数、实数等有小数部分；另一类是不与量关联的数据，如文字、计算机程序、音乐、图形、图像、符号、DNA 密码、视频等。

计算机如何表示数据非常重要。人在表示数据时，要么通过文字、符号表达，要么通过物理载体展示，非常方便与自由。但是计算机只能通过 0 和 1 两个符号来表达，也就是说，所有数据都必须转换成 0 和 1，计算机才能存储。

2.3.1　万物皆数

古希腊数学家、哲学家毕达哥拉斯认为万物皆数，即万物之间的关系都可以归结为数与数之间的关系。

中国古老的河图洛书(图 2-3)，同样提出万物皆数。老子的《道德经》也指出，"道生一，一生二，二生三，三生万物"。

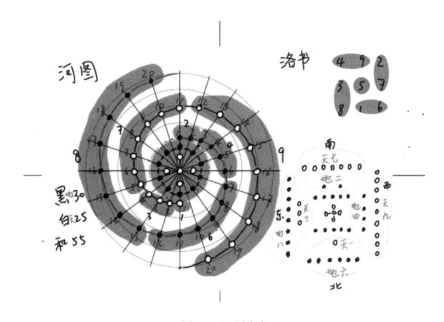

图 2-3　河图洛书

2.3.2　位与字节

计算机只能处理存储的数据。计算机存储器一般指内存，是一种利用半导体技术制成的电子设备，用来存储数据。计算机电子电路只有两种状态，分别用 0 和 1 表示，因此存储的数据是二进制形式，存储器上的每一个存储单元称为位(bit，或称比特)，每一位存储 0 或者 1，位是最小的储存单位。

计算机通常不会每次只对一个二进制位进行操作，而会对一组二进制位进行操作，8 个二进制位为一个字节(byte)。现在的微处理器都是面向字节的，其字长是 8 位的整数倍(即数据和地址是 8 位、16 位、32 位、64 位或 128 位)。按照每位可以取两个值，那么连续的 n 位就可以表达 2^n 个值，如 8 位可以表达 256 个值(图 2-4)，这种表达方式是计算机处理信息时最基本的原则。

一般来讲，计算机能够同时处理的位数越多，它的速度就会越快。20 世纪 70 年代世界上第一个微处理器一次只能处理 4 位数据，而到了 20 世纪 90 年代初，64 位微机已开始进入个人电脑市场，一些显卡还能处理 128 位或 256 位的数据。

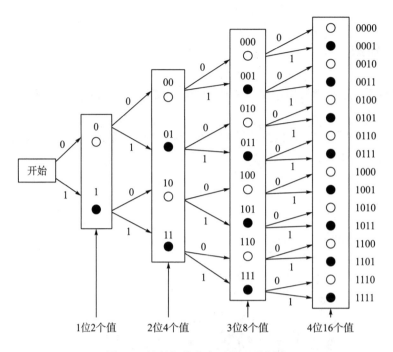

图 2-4　计算机状态表示的二进制树

2.3.3　数的表示原则

在数学中，数值有很多种，如自然数、整数、有理数、无理数、实数等。人们能清楚地认识这些数，并能够进行各种计算。但对于这些数，有的我们能精确表示(如整数、小数)，有的则不能精确表示出来(如 π、$\sqrt{2}$)。而计算机受体系结构限制，在表示数的时候必须遵循以下原则。

(1)由于计算机内部的硬件只能表示两种物理状态(用 0 和 1 表示)，因此数只能由 0 和 1 两个符号及其组合来表示。

(2)二进制位数受机器设备的限制，机器字长一般是字节的整数倍，如字长 8 位、16 位、32 位、64 位等。

2.4　整数的表示

2.4.1　机器数的表示

机器数是指数在计算机内部表示出来的数值形式。为了区别数与机器数在数值上的差异，一般将数在数学上表示出来的值称为"真值"。而在计算机中只有机器数，真值是数学上或人们认识的数值。

1. 将整数转换为二进制数

例如，把十进制数 N_1=20 和 N_2=−20 转换为二进制数：

$N_1 = (20)_{10} = (10100)_2$，$N_2 = -(20)_{10} = -(10100)_2$。此时，$N_1$、$N_2$ 并不是机器数，而是数值 20 和−20 的十进制和二进制真值，为人们所能认识的数值。

2. 确定符号位

从整数的真值形式可以看出，除数制本身外，还分正负值，由于只能使用 0、1，因此规定在机器数中，用"0"作为正数符号，用"1"作为负数符号。

3. 存储到指定位置

目前，几乎所有计算机存储的整数都是 4 个字节长度。整数的符号存放在最高(最左端)位，其余是数值位，数值从最低(最右端)位开始从右到左依次存放。在计算机中，整数的表示方式分为原码、反码、补码三种。

1) 原码表示方式

原码表示方式是指整数的符号位放在最高位，其绝对值部分数值从最低(最右端)位开始从右到左依次存放，符号位和数值之间空位均填 0。这样在计算机中，整数 20 的原码表示方式如图 2-5 所示，可以写成 N_1 原码= 00000000000000000000000000010100。同样，−20 的原码表示方式就为 N_2 原码= 10000000000000000000000000010100。短整数(short int)只有 2 个字节，那么 N_1、N_2 的短整数原码就是 N_1 原码= 0000000000010100，N_2 原码= 1000000000010100。由此可以看出，原码与存储字的长度有极大关系。

符号位   30~0位为数值位，从低向高按位存放

图 2-5 整数计算机按位存储图

2) 反码表示方式

反码表示方式是在原码表示方式的基础上进行定义的。现有整数 N，如果 $N \geqslant 0$，则 N 的反码与 N 的原码相同，如果 $N < 0$，则 N 的最高位为 1，原码其余位全部取反(即 0 变为 1，1 变为 0)，这样就是反码表示方式。因此，N_1、N_2 的反码就是 N_1 反码= 00000000000000000000000000010100 =N_1 原码，N_2 反码= 11111111111111111111111111101011。短整数只有 2 个字节，那么 N_1、N_2 的短整数反码就是 N_1 反码= 0000000000010100，N_2 反码= 1111111111101011。

3) 补码表示方式

补码表示方式也是在原码表示方式的基础上进行定义的。现有整数 N，如果 $N \geq 0$，则 N 的补码与 N 的原码相同，如果 $N < 0$，则 N 的最高位为 1，原码其余位全部取反（即 0 变为 1，1 变为 0），然后再加 1，这样的表示方式就是补码表示方式。因此，N_1、N_2 的补码就是 $N_{1 补码}$ = 00000000000000000000000000010100 = $N_{1 原码}$，$N_{2 补码}$ = 111111111111111 11111111111101100。短整数只有 2 个字节，那么 N_1、N_2 的短整数补码就是 $N_{1 补码}$ = 0000000000010100，$N_{2 补码}$ = 1111111111101100。

由此可以得出：对于整数 N，如果 $N \geq 0$，则有 $N_{原码} = N_{反码} = N_{补码}$；如果 $N < 0$，则 $N_{反码}$ 是原码的最高位为 1，其余位全部取反，$N_{补码} = N_{反码} + 1$。特别要指出的是，对于整数，计算机内部存储的是整数的补码，并没有采取原码和反码表示方式。

4. 无符号数表示方式

以上三种数值表示方法，都是针对有正负符号数值的表示方法。在整数中，自然数是特殊的一类整数，也是人们日常生活中用得最多的一类整数，除 0 这个特殊数外，其余的都大于 0，这样我们不用独立的一位记录数的正负符号，都能清楚地知道数的值是多少，即把最高位不专门用于存储数的正负符号，改为也存储数值本身。这种表示数值的方式，称为无符号整数表示方法。这种方式比前面三种方式表示的正数个数多一倍，这在计算中作用非常大。

由此可以总结为，对于字长 n（n 一般是 8 的倍数，目前一般为 32），一共有 2^n 种状态，因此无符号数的取值范围是 $0 \sim 2^n - 1$，有符号数的取值范围是 $-2^{n-1} + 1 \sim 2^{n-1} - 1$。

2.4.2 二进制运算

在进行数值运算之前，先介绍计算机的二进制运算规则，掌握了二进制的运算规则，才能完成数值的计算。这里要强调的是，运算规则与算式运算是不相同的，运算规则是计算的基础。二进制运算有算术运算和逻辑运算两大类，二进制的算术运算规则与十进制相似，十进制是"逢十进一"，二进制是"逢二进一"。算术九九表是我们熟知的算术运算规则，二进制运算规则也很简单，具体如下。

加法	减法	乘法
0+0=0	0-0=0	0×0=0
0+1=1	0-1=1 借位为 1	0×1=0
1+0=1	1-0=1	1×0=0
1+1=0 进位为 1	1-1=0	1×1=1

上面的规则描述了两个 1 位二进制数进行加法、减法和乘法运算时的情形。两位相加或相减可能产生进位或借位，就像十进制算术运算那样。

下面以 8 位的二进制数相加为例，说明二进制加法。

例 2.4-1	例 2.4-2	例 2.4-3	例 2.4-4
00101010	00101010	10111110	10111110
+ 01000101	+ 01001101	+ 00010011	+ 10010011
01101111	01110111	11010001	01010001

在这 4 个例子中，例 2.4-1 是没有进位的，例 2.4-2 有一个进位，例 2.4-3 有连续的进位，例 2.4-4 的最高位产生的进位丢失。

当两个二进制数相减时，一定要清楚"0-1"为 1，同时会从其左侧借一位。

例 2.4-5	例 2.4-6	例 2.4-7	例 2.4-8	例 2.4-9
01101001	10011111	11000011	10110000	01100011
− 01001001	− 01000001	− 10111100	− 01100011	− 10110000
00100000	01011110	00000111	01001101	10110011

在这 5 个例子中，例 2.4-5 是没有借位的，例 2.4-6 有一个借位，例 2.4-7 和例 2.4-8 有连续的借位，例 2.4-9 的最高位产生借位。

十进制乘法要求我们学习九九表，九九表比较复杂，但二进制乘法表很简单，只需记住 $0×0=0$、$0×1=0$、$1×0=0$、$1×1=1$ 即可。下面的例子描述了 $(01101001)_2$（乘数）与 $(01001001)_2$（被乘数）相乘的过程。

被乘数	乘数	步骤	部分积
01001001	01101001	1	0 1 1 0 1 0 0 1
01001001	01101001	2	0 0 0 0 0 0 0 0
01001001	01101001	3	0 0 0 0 0 0 0 0
01001001	01101001	4	0 1 1 0 1 0 0 1
01001001	01101001	5	0 0 0 0 0 0 0 0
01001001	01101001	6	0 0 0 0 0 0 0 0
01001001	01101001	7	0 1 1 0 1 0 0 1
01001001	01101001	8	0 0 0 0 0 0 0 0
		结果	0 0 1 1 1 0 1 1 1 1 1 0 0 0 1

请注意，计算机并没有采取这种先生成多个部分积再将它们加在一起的方法。如果这个算法能够自动完成，部分积将被直接加到一个累计的总和上。

2.4.3　整数的算术运算

1. 加减法运算

如 $a=5$，$b=3$，求 $c=a+b$ 的运算如下。

```
      00000000000000000000000000000101
+     00000000000000000000000000000011
      00000000000000000000000000001000
```

通过如下 C 程序可以验证结果。

```
/*
验证整数的算术运算
*/
#include <stdio.h>
#include <math.h>
int bit_return (unsigned long a， int loc) // 输出 a 第 loc 位的值
{
        unsigned long   buf = a & (1 << loc)；
        if (buf == 0) return 0；
        else  return 1；
}


int main ()
{
    int a = 5， b = 3， c；
    c = a + b；
    printf ("a=%d  b=%d  c=%d \n"， a， b， c)；
    for (int i = 31； i >= 0； i--)  printf ("%d"， bit_return (a， i))；
    printf ("\n")；
    for (int i = 31； i >= 0； i--)  printf ("%d"， bit_return (b， i))；
    printf ("\n")；
    for (int i = 31； i >= 0； i--)  printf ("%d"， bit_return (c， i))；
    return 0；
}
```

另外，在设计计算机硬件结构时，逻辑电路没有设计减法，只设计了全加法器，后来为了提高计算速度，设计了专门的浮点运算器、乘法逻辑电路等。通过补码，把减法运算变成加法运算，这也正是补码系统的重要作用。

下面介绍减法运算：$a=5$, $b=3$, 求 $c=a-b$。对于 $a-b$，编译程序会自动地解释为 $a+(-b)$，并且会自动把原存储的 b 的数值采用补码转换成 $-b$ 的数值，最终计算机按照如下两个值进行运算。

$$00000000000000000000000000000101$$
$$+ 11111111111111111111111111111101$$
$$\overline{00000000000000000000000000000010}$$

如果 $a=3$, $b=5$, 求 $c=a-b$ 时，则最终计算机按照如下两个值进行运算。

$$00000000000000000000000000000011$$
$$+ 11111111111111111111111111111011$$
$$\overline{11111111111111111111111111111110}$$

在这两个运算中可以看到，对于减法，通过补码，可以只做加法，其结果不变，这是因为补码的位宽溢出原理。

特别说明：补码进行加、减、乘、除运算的结果仍然是补码，而补码的补码是原码，即 $[N_{补码}]_{补码} = N_{补码}$。因此，运算结果是负数时，需要通过再求补码才能得出数值的原码。

如 $a=3$, $b=5$, 求 $c=a-b$ 时的结构，再求补码：

$$00000000000000000000000000000001$$
$$+\ 00000000000000000000000000000001$$
$$\overline{\quad 00000000000000000000000000000010\quad}$$

这个值就是整数-2 的原码。

2. 乘法运算

计算机的乘法比加法复杂得多，因此这里只介绍基本的知识。不同的计算机语言，会有不同的算法，但是绝大多数都采取移位的方式来完成乘法。这里先介绍补码的算术左移运算，如图 2-6 所示。

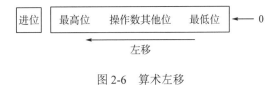

图 2-6　算术左移

算术左移：对于左移字的所有位，最高位复制到进位标志中，其余位全部向左移动一位，空出的最低位补 0。例如，例 2.4-1 中的 N_1、N_2，$N_{1反码}$ = 00000000000000000000000000010100 = $N_{1原码}$，$N_{2补码}$ = 11111111111111111111111111101100，向左算术移动一位后得到 00000000000000000000000000101000 和 11111111111111111111111111011000，对应真值 40 和-40。说明：对采用补码系统表示任一整数，算术左移，相当于该数乘以 2。算术右移如图 2-7 所示。

图 2-7　算术右移

算术右移：对于右移字的所有位，最低位复制到进位标志中，其余位全部向右移动一位，空出的最高位复制符号位。例如，例 2.4-1 中的 N_1、N_2，$N_{1反码}$ = 00000000000000000000000000010100 = $N_{1原码}$，$N_{2补码}$ = 11111111111111111111111111101100，向右算术移动一位后得到 00000000000000000000000000001010 和 11111111111111111111111111110110，对应真值 10 和-10。说明：对采用补码系统表示任一整数，算术右移，相当于该数除以 2。

有了上述特性，计算机就能够采用算术移位的方法来实现整数的乘法。而在进行乘法运算时，不必关注最高位符号位，把符号位和数值位全部都当成普通的二进制位进行运算即可，或者说当成无符号二进制乘法运算即可。

计算机完成两个数相乘的基本方法：每得到一个部分积，就做一次加法。现在以十进制数 a=10、b=13 为例〔乘数=$(1101)_2$，被乘数=$(1010)_2$〕，介绍乘法算法。

步骤 a：将计数器的值置为 n。

步骤 b：将 $2n$ 位的部分积寄存器清零。

步骤 c：检查乘数的最右位（即最低位）。表 2-4 中用下划线标出了这一位，将被乘数与部分积的最低 n 位相加。

步骤 d：将部分积右移一位。

步骤 e：将乘数右移一位（乘数的最右位会被丢弃）。

步骤 f：将计数器的值减 1，重复步骤 c 直到 n 个周期后计数器的值变为 0。部分积寄存器的内容就是乘积。

表 2-4　无符号整数（补码系统）乘法

周期	步骤	计数值	乘数	部分积
	a 和 b	4	1101	00000000
1	c	4	110<u>1</u>	10100000
1	d 和 e	4	0110	01010000
1		3	0110	01010000
2		3	011<u>0</u>	01010000
2	d 和 e	3	0011	00101000
2		2	0011	00101000
3		2	001<u>1</u>	11001000
3	d 和 e	2	0001	01100100
3		1	0001	01100100
4		1	000<u>1</u>	10000010
4	d 和 e	1	0000	10000010

此外，还有布斯乘法等，这里就不一一介绍。

3. 除法运算

除法是通过被除数不断减去除数直到结果为 0 或者小于除数来实现的。减去除数的次数称作"商"，最后一次减法的差称作"余数"。通过做减法并检测结果的符号位，如果减法的结果为正，则商 1，如果结果为负，则商 0，并将部分被除数与除数相加，以将其恢复为原来的值，这就是常用的恢复余数法，算法流程如图 2-8 所示。

恢复余数法算法步骤如下。

步骤 1：将除数的最高位与被除数的最高位对齐。

步骤 2：从部分被除数中减去除数，得到部分新的被除数。

步骤 3：若这部分新的被除数为负，则商 0，并用新的被除数加上除数，以恢复为原来的被除数。

步骤 4：若新的被除数为负，则商 1。

步骤 5：判断除法是否结束。若除数的最低位与部分被除数的最低位对齐，则除法结束。最后的部分被除数就是余数。否则，执行第 6 步。

步骤 6：将除数右移 1 位，并从第 2 步继续执行。

当然，还有不恢复余数法等方法，这里就不再做介绍。

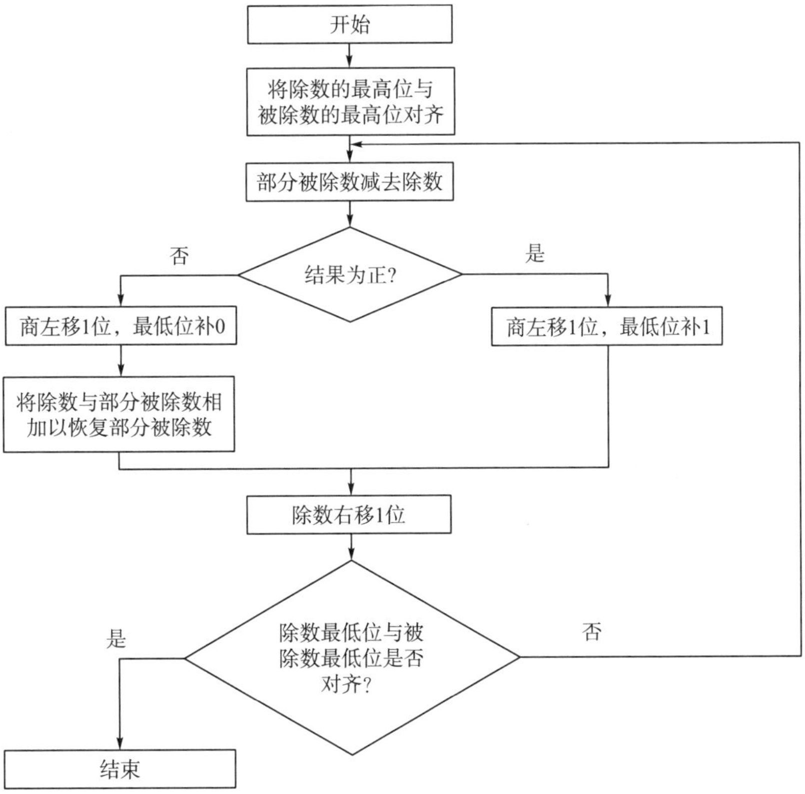

```
                    ┌──────────┐
                    │   开始    │
                    └──────────┘
                          ↓
                ┌───────────────────┐
                │  将除数的最高位与   │
                │  被除数的最高位对齐 │
                └───────────────────┘
                          ↓
                ┌───────────────────┐ ←────────────────────┐
                │  部分被除数减去除数 │                      │
                └───────────────────┘                      │
                          ↓                                │
      否              ◇ 结果为正? ◇           是           │
    ┌─────────────────                  ─────────────────┐ │
    ↓                                                     ↓ │
┌─────────────────┐                          ┌─────────────────┐
│商左移1位，最低位补0│                          │商左移1位，最低位补1│
└─────────────────┘                          └─────────────────┘
    ↓                                                     │
┌─────────────────┐                                       │
│将除数与部分被除数相│                                       │
│加以恢复部分被除数  │                                       │
└─────────────────┘                                       │
    └──────────────────────┬──────────────────────────────┘
                          ↓
                ┌───────────────────┐
                │   除数右移1位       │
                └───────────────────┘
                          ↓
      是       ◇除数最低位与被除数最低位是否对齐?◇    否
    ┌──────────                              ──────────────┘
    ↓
┌──────────┐
│   结束    │
└──────────┘
```

图 2-8　恢复余数法的流程

2.4.4　补码原理

从前面的讲解可以看出，采用补码体系时，整数的加、减、乘、除均用补码完成，只需将结果转换为十进制原码就可得到我们需要的结果。下面专门介绍补码原理。

1. 时钟的补码原理

相信大家都知道怎么通过钟表看时间，如下面的钟表显示的时间是 6 点整，如图 2-9 所示。

图 2-9　时钟 12 个刻度

在时钟的表盘上一共有 12 个时针刻度，我们可以认为时钟是以十二进制来进行计数的。钟表设计者考虑到大部分用户的感受，将表盘时钟刻度旁的数字设置为十进制形式，这里把它们替换成十二进制形式的数字。假设十二进制中采用 0～9、a、b 这 12 个符号来表示数值，其中 0～9 和十进制中的相同，a 代表十进制中的 10，b 代表十进制中的 11。另外，从 0 开始计数，把普通钟表中的 12 替换为 0，然后钟表就变成如图 2-10 所示的样子。

图 2-10　时钟刻度十二进制

如果北京时间实际上是 3 点整，那么该怎么调整钟表呢？我们可以采用下面两种方法之一来调整。

方法一：将时针逆时针拨 3 个小时，如图 2-11 所示。

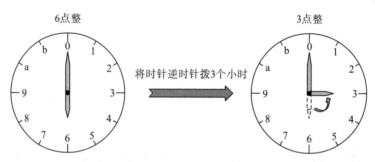

图 2-11　时针逆时针拨转

从数学的角度看，这其实是一个求 6 个小时减去 3 个小时等于几个小时的问题，可以使用下面的式子表达这个过程：6-3 = 3。

方法二：将时针顺时针拨 9 个小时，如图 2-12 所示。

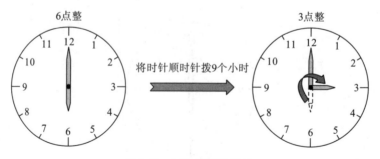

图 2-12　时针顺时针拨转

从数学的角度看，这其实是一个求 6 个小时加上 9 个小时等于几个小时的问题，可以使用下面的式子表达这个过程。

$$6 + 9 = 0 + 6 + 9$$
$$= 0 + (6 + 6) + 3 \quad （产生进位）$$
$$= 0 + 10 + 3 \quad （十二进制表示，十二进制的 10 代表十进制的 12）$$
$$= 13 \quad （十二进制表示，十二进制的 13 代表十进制的 15）$$

也就是说，6 个小时加上 9 个小时相当于将时针从 0 刻度先顺时针拨转 6 个刻度，然后再拨转 9 个刻度，还相当于从 0 刻度先顺时针拨转 12（十二进制中的 10）个刻度（也就是表盘的一圈），然后再拨转 3 个刻度。这里我们只关注时针处在哪个刻度上，而不关注它到底是否多转了一圈，所以可以直接忽略进位。单纯地从钟表时间的效果上看，下面的式子是成立的：6+9=3。结果和 6-3 一模一样，只是忽略了十二进制加法结果中的进位。

这个例子给我们提供了一个思路：减法可以通过适当的方式（即进位溢出，或者忽略进位）转换为加法进行运算。

2. 补码运算原理

给定一个常数 C，如果有 $X+Y=C$，那么，X 与 Y 对于常数 C 互为补码（也称为补数）。对于时钟来说，1 和 11、2 和 10 等就互为补码。对于字长为 n 的二进制数，一共有 2^n 个状态。若把一个圆盘刻 2^n 个刻度，就像时钟那样，12 点可以看成 0 点，则这个圆盘上的 2^n 就和 0 是相等的。现在计算整数 $a-b$，一种方法是回拨 b 个刻度，另一种方法是顺时针拨 2^n-b 个刻度，即 $a-b=a+2^n-b$。对于常数 2^n 来说，b 的补码为 2^n-b，即 $b_{补}=2^n-b$，那么 $a-b$ 就等于 $a+b_{补}$。这就是采用进位溢出或者忽略进位（即 2^n 视为 0）把减法转换为加法的原理。

更一般地，假设 y、$y_{补}$ 是两个使用 R 进制表示的数字，它们互为补码，那么有 $y+y_{补}=R^n$，于是可以推出 $y = R^n - y_{补}$。

假设 x 也是使用 R 进制表示的数字，那么有 $x-y=x-(R^n - y_{补})=z+y_{补}-R^n=z+y_{补}$。也就是说，在做使用 n 个 R 进制位表示的数字之间的减法操作时，减去一个数等于加上这个数的补数然后再减去 R^n，减去 R^n 的操作其实就相当于直接把和的进位忽略，得到的就是原减法的结果。

3. 如何求得补码

当常数 C 是进制的位权值时，就不需要通过减法来得到补码。比如，对于十进制来说，这个位权值分别是 10^1、10^2、10^3……，只需要通过位置记数法对每一位数字进行取反然后加 1 就能得到补码。

例如，常数 C 是 10^3，如果我们想求 145 的补数，那么就可以使用常数 1000 来减去 145。

$$\begin{array}{r} 1000 \\ -\ 145 \\ \hline 855 \end{array}$$

这个过程需要使用借位，如果我们想用更简单的方式计算出结果，则可以使用下面两个步骤来计算。

步骤一：使用 999 减去 145。

$$
\begin{array}{r}
999 \\
-\ \ 145 \\
\hline
854
\end{array}
$$

这个过程不需要使用借位，可以很轻松地计算出 999-145 的结果是 854。

步骤二：将步骤一的结果加 1。

$$
\begin{array}{r}
854 \\
+\ \ \ \ 1 \\
\hline
855
\end{array}
$$

855 就是 1000-145 的结果。

通过使用这两个步骤，我们成功地避免了减法中的借位，很轻松地计算出 145 的补数 855。其实这个过程本质上是这样的：

$$1000-145=999+1-145$$
$$=(999-145)+1$$
$$=854+1$$
$$=855$$

一般地，在限定使用 n 个十进制位来表示数字之后，可以通过下面两个步骤来求一个数的补数。

步骤一：计算由 n 个 9 组成的十进制数（其实也就是 10^n-1）减去该数的值（此过程不涉及借位）。

步骤二：将步骤一的结果加 1。

以上方式用于二进制（即 C）的值是 2^n 时，原理同样实用，并且非常简单。因为二进制只有 0、1，0 的取反值是 1，1 的取反值是 0，然后加上 1，其值与我们定义的补码值完全相同。

2.5　实数的表示

2.5.1　浮点数概述

我们知道，计算机内部实际上只能存储或识别二进制数。在计算机中，日常使用的文档、图片、数字等在存储时都需要以二进制的形式存放在内存或硬盘中，内存和硬盘就好像一个被划分出许多小格子的容器，其中每个小格子都只能存放 0 或 1。

实数是所有有理数和无理数的集合。这里所说的浮点数就是指实数（并不是全部的实数），它不是数学上提出的概念，而是计算机学科里提出的概念，来源于科学记数法。浮点运算能够让人们处理科学应用中很大和很小的数，但浮点运算不同于整数运算，它的计算结果一般是不确定的，即一块芯片上的浮点计算结果也许与另一块芯片上的不同。$1.2345×10^{20}$、$0.4599×10^{-50}$、$8.5×10^3$ 等都是十进制浮点数。在十进制运算中，科学记数法表示的数字被写成尾数$×10^n$ 的形式，这里尾数表示这个数，而指数则以 10 的整数幂为倍数将其扩大或缩小。二进制浮点数则被表示为尾数$×2^n$ 的形式。例如，101010.111110 可被表示为 $1.01010111110×2^5$，这里尾数为 1.01010111110，指数为 5（用 8 位二进制数表示为 00000101）。由于浮点数被定义为两个值的积，浮点数的表示并不唯一，如 $10.110×2^4=1.0110×2^5$。

多年以来，计算机系统使用了很多不同的方法表示浮点数的尾数和指数。直到 20 世纪 80 年代，各计算机厂商都还在设计自己的浮点数存储规则，彼此之间并不兼容。1985 年，IEEE 754 标准问世，由此浮点数的存储才有了一个通用的标准。IEEE 754 标准提供了 3 种浮点数表示方式：32 位单精度浮点数、64 位双精度浮点数，以及 128 位四精度浮点数。包括 JavaScript、Java、C 在内的许多编程语言在实现浮点数时，都遵循 IEEE 754 标准，IEEE 754 标准的最新版本是 IEEE 754—2019。

2.5.2　浮点数存储格式

IEEE 754 标准规定了如何在计算机内存中以二进制的形式存储十进制浮点数，并制定了不同精度规范。这里主要研究 32 位浮点数（即单精度浮点数或者 float 类型）在计算机中是怎样存储的，其他精度（如 64 位、128 位浮点数）原理是一样的。下面以 20.5 作为例子进行讲解。

1. 规格化二进制小数

在以二进制格式存储十进制浮点数时，首先需要把十进制浮点数表示为二进制格式：$(20.5)_{10} = (10100.1)_2$。然后，需要把二进制数转换为以 2 为底的指数形式：

$$(10100.1)_2 = 1.01001×2^4$$

注意，转换时对于乘号左边的二进制数 1.01001，需要把小数点放在左起第一位和第二位之间，且第一位需要为非 0 数，这样 1.01001 就是尾数。

特别说明：用二进制数表示十进制浮点数时，使用尾数×指数的形式，并把尾数的小数点放在第一位和第二位之间，同时保证第一位数非 0，这个处理过程称为规格化。

这样，这 32 个二进制位被划分为三部分，如图 2-13 所示。

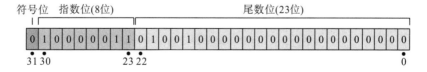

图 2-13　32 位单精度浮点数按位存储格式

2. 符号位

符号位占据最高位(第 31 位),用于表示浮点数是正数还是负数,用 0 表示正数,1 表示负数(图 2-14)。对于十进制数 20.5,因为是正数,所以符号位应为 0。

图 2-14 符号位

3. 阶码(偏移后的指数位)

指数位占据第 30 位到第 23 位这 8 位(图 2-15),用于表示以 2 为底的指数。8 个二进制位可以表示 256 种状态,IEEE 754 规定,指数位用于表示[-127, 128]范围内的指数。为了表示起来更方便,浮点型的指数位都有一个固定的偏移量,用于使指数加上偏移量等于一个非负整数。在 32 位单精度类型中,这个偏移量是 127,在 64 位双精度类型中,偏移量是 1023。对于规格化之后的数 1.01001×2^4,4 就是偏移前的指数,32 位单精度浮点数的偏移量为 127,所以加上偏移量之后,得到的指数就是 4+127=131,131 转换为二进制数就是 10000011。

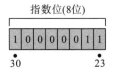

图 2-15 32 位单精度浮点数阶码存储图

4. 尾数位

尾数位占据剩余的第 22 位到第 0 位这 23 位(图 2-16),用于存储尾数,而且尾数必须是规格化后的二进制小数的尾数。对于规格化之后的数 1.01001×2^4,1.01001 是尾数。

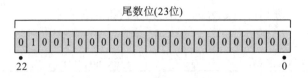

图 2-16 32 位单精度浮点数尾数存储

5. 隐藏最高位 1

可以发现,尾数部分的最高位始终为 1。比如这里的 1.01001,规格化之后尾数中的小数点位于左起第一位和第二位之间，且第一位是一个非 0 数，而二进制中每一位可取的值只有 0 或 1，如果第一位非 0，则第一位只能为 1，所以在存储尾数时，可以省略前面的 1 和小数点，只记录尾数中小数点之后的部分，这样就节约了内存。因此，这里只需记录剩余的尾数部分 01001。之后再提到尾数，若无特殊说明，指的其实是隐藏了整数部分之后剩下的小数部分。

6. 低位补零

之所以在低位补零，是因为尾数中存储的本质上是二进制数的小数部分，想要在不影响原数值的情况下填满 23 位，就需要在低位补零。

比如，原尾数是 01001（不到 23 位），补零之后是 01001000000000000000000（补至 23 位）。

例 2.5-1　十进制浮点数 20.5 的二进制表示。

十进制浮点数 20.5 的符号位是 0，偏移后指数位是 10000011，补零后尾数位是 01001000000000000000000。因此，32 位浮点数就是 01000001101001000000000000000000。

为了验证计算机内部存储的浮点数 20.5 是否为上述结果，通过实际运行如下 C 程序查看 20.5 每一位的值。

```
/*
   显示计算机内存变量每一位的值
*/
#include <stdio.h>
#include <math.h>
int bit_return(unsigned long a,  int loc) // 输出 a 第 loc 位的值
{
        unsigned long   buf = a&(1 << loc);
        if(buf == 0)       return 0;
        else   return 1;
}

int main()
{
        float f = 20.5;
        unsigned long *p;
        p = &f;
        for(int i = 31;  i >= 0;  i--) printf("%d", bit_return(*p, i));
        return 0;
}
```

为了加深理解，再反向推导一遍。假设现在有一个用二进制表示的 32 位浮点数：01000001101001000000000000000000，求它所代表的十进制浮点数是多少。从结果可知符号位是 0，所以这是一个正数。尾数是 01001000000000000000000，去掉后面的补零部分，再加上隐藏的整数部分 1 和小数点，得到完整的尾数（含隐藏的整数部分）为 1.01001。偏移后的指数位为 10000011，转换为十进制后为 131，减去偏移量 127，得到真正的指数是 4。

所以，最后得到的浮点数=尾数（含隐藏的整数部分）×以 2 为底的指数次幂=二进制的 1.01001×2^4，把小数点向右移动 4 位，得到二进制的 10100.1，即十进制的 20.5。

例 2.5-2　将十进制数 $(4100.125)_{10}$ 转换为符合 IEEE 754 标准的 32 位单精度二进制浮

点数。

首先将 4100.125 转换为二进制定点数，整数部分 $(4100)_{10}=(1000000000100)_2$，小数部分 $(0.125)_{10}=(0.001)_2$。因此，$(4100.125)_{10}=(1000000000100.001)_2$。然后将 $(1000000000100.001)_2$ 规格化。每次小数点左移 1 位，指数就加 1，这一步将得到 $1.00000000100001×2^{12}$。最后的结果如下。

(1) 符号位为 0，因为这个数是正数。

(2) 指数为 12+127=139=10001011^2。

(3) 尾数为 00000000010000100000000（起始位 1 被省略并将尾数扩展为 23 位）。

因此，转换结果为 01000101100000000010000100000000。

2.5.3 浮点数的取值范围

IEEE 二进制浮点数算术标准（IEE754—2008）规定，当指数位全部为 0 或者全部为 1 时，表示两种特殊状态的数：非规格数和特殊数，以 32 位单精度浮点数为例，其指数取值范围见表 2-5。

表 2-5 32 位单精度浮点数指数取值范围

指数位状态	指数全为 0，即指数位为 00000000	其他，即指数位为 [00000001, 11111110] 转换为十进制为 [1, 254] 减去偏移量 127 为 [-126, 127]	指数全为 1，即指数位为 11111111
对应的数	非规格数	规格数	特殊数

在讨论浮点数的取值范围时，实际上讨论的是规格数的范围。可以看出，32 位浮点数的指数部分其实是无法取-127 和 128 的，因为：①-127（即阶码 00000000）被用来表示非规格数；②128（即阶码 11111111）被用来表示特殊数。所以，实际上 32 位浮点数的指数部分只能取[-126, 127]。

再来看看尾数：对于规格数，尾数前隐藏的整数部分始终保持为 1，所以尾数所表示的值的范围其实是[1.00⋯00, 1.11⋯11]，约等于十进制的[1, 2)，因为 1.11⋯11 非常逼近十进制的 2。

因此，对于 32 位浮点数而言，尾数（含隐藏的整数部分）可取值为[1, 2)，指数可取值为[-126, 127]，且浮点数可正可负，根据运算规则，得出 32 位浮点数的取值范围 $=\pm$尾数$×2^{指数}=\pm[1, 2)×2^{[-126, 127]}=(-2×2^{127}, -1×2^{-126}]\bigcup[1×2^{-126}, 2×2^{127})$。为了便于理解，把以 2 为底替换为以 10 为底，得到 $(-3.4×10^{38}, -1.18×10^{-38})\bigcup(1.18×10^{-38}, 3.4×10^{38})$。

2.5.4 浮点数的有效位数

浮点数的有效位数是指浮点数的精度，或者说有多少位数字是精确有效的。浮点数的有效位数与尾数的位数密切相关。对于 32 位浮点数，因为 $2^{23}=10^{7.22}$，所以只有 7.22 位是精确的；对于 64 位浮点数，因为 $2^{52}=10^{15.95}$，所以只有 15.95 位是精确的。

特别说明：有效位数是小数点前面的位数和小数点后面的位数的和，不仅仅指小数点后面的位数。

2.5.5　浮点数的运算

下面以一个简单的 8 位尾数和一个未对齐的指数为例说明浮点运算。

例 2.5-3　A=1.0101001×2^4，B=1.1001100×2^3，计算这两个数的乘积与和。

进行浮点乘法运算时，应将尾数相乘，指数相加，即

$$A \times B = 1.0101001 \times 2^4 \times 1.1001100 \times 2^3$$
$$= 1.0101001 \times 1.1001100 \times 2^{3+4}$$
$$= 1.000011010101100 \times 2^8$$

由于浮点操作数已经被表示为规格化形式，计算机在进行浮点加法运算时，两个浮点数 1.0101001×2^4 和 1.1001100×2^3 的指数值不相同，为了对齐指数，计算机必须执行下面的操作。

第 1 步：找出指数较小的那个数。

第 2 步：使两个数的指数相等。对于指数较小的那个数，指数加几，就将尾数右移几位。

第 3 步：尾数相加（或相减）。

第 4 步：如果有必要，将结果规格化（后规格化）。

在这个例子里，A=1.0101001×2^4，B=1.1001100×2^3，B 的指数比 A 的小，应将 B 的指数加 1，使它与 A 的指数相等。由于指数加 1 会使 B 的值增加 2 倍，故应将 B 的尾数除 2，即将其右移 1 位。这两个操作使 B 的值保持不变，它被表示为 0.110011×2^4，因此，

$$\begin{array}{r} 1.0101001 \times 2^4 \\ + \quad 0.1100110 \times 2^4 \\ \hline 10.0001111 \times 2^4 \end{array}$$

加法的结果不是规格化数，因为它的整数部分是 $(10)_2$，因此需要对结果做规格化处理：尾数右移 1 位并将指数加 1，得到 1.00001111×2^5。

图 2-17 给出了浮点加法运算的流程。此流程需要注意以下几点。

（1）因为指数有时与尾数位于同一个字中，在加法运算开始之前必须将它们分开（解压缩）。

（2）如果两个指数的差值大于 p+1（p 为尾数的位数），指数较小的那个数由于太小而无法影响指数较大的数，运算结果实际上就等于指数较大的那个数。例如，1.1010×2^{60}+1.01×2^{-12} 的结果为 1.1010×2^{60}，因为指数之差为 72。

（3）结果规格化时检查指数，看它是否比最小的指数小或比最大的指数大，以分别检测指数下溢或上溢。指数下溢会导致结果为 0，而指数上溢会造成错误。

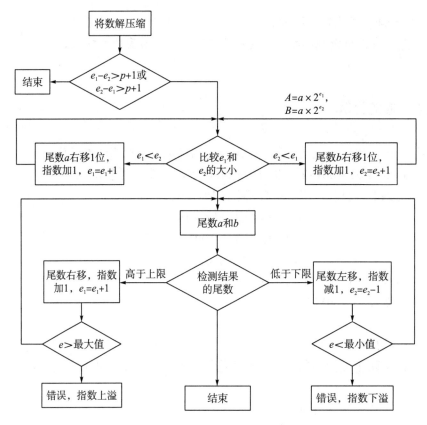

图 2-17　浮点数加法的流程

2.6　信息的表示

数据和信息是两个紧密相关的概念。本书使用"数据"表示存储在计算机内的二进制信息，这里的数据可以表示数字、指令、图像或其他任何可以以数字形式表示的信息。"信息"通常作为数据的同义词使用。不过，信息这个术语还意味着数据有某种形式的隐含值，例如，在信息论中，信息的值(或熵)与它的概率有关。

2.6.1　信息表示概述

1. 信息表示

一个 n 位的字可以表示 2^n 个不同的位模式，那么一个 n 位的二进制字又可以表示什么呢？答案是什么也表示不了，因为一个由二进制的 0 和 1 组成的串没有任何内在含义。怎样解释一个特定的二进制数，只取决于程序员赋予它何种含义。

2. 指令

指令字长为 32 位或更长的计算机用一个字来表示 CPU 能够完成的操作（8 位或 16 位计算机用多个字表示一条指令）。指令的二进制编码与其功能之间的关系（指令集）由计算机设计者决定。例如，一台计算机上表示 "A+B" 的二进制序列可能与另一台计算机上的完全不同。

3. 数量

一个字或多个字都可以用来表示数量。数可被表示为多种格式，如 BCD 整数、无符号二进制整数、有符号二进制整数、二进制浮点数、整数复数、浮点复数、双精度整数等。10001001 可能在一个系统中表示数值-119，在另一个系统中表示 137，而在第三个系统中表示 89，程序员必须按照数的类型对其进行操作。前面讨论的整数、浮点数，就是数量的表示。

2.6.2 字符的表示

字符是字母表集合中的元素。拉丁或罗马字母表中的字母（A~Z、a~z）、数字字符（0~9）和*、−、+、!、? 等符号都被分配了二进制值，因此可以在计算机内存储和处理。ASCII 码（美国信息交换标准代码）是在计算机中应用得非常广泛的一种编码，它用 7 位表示一个字符，一共可以表示 2^7=128 个不同的字符。其中有 96 个字符是可打印字符，其余 32 个是不可打印字符，用于完成回车、退格、换行等特殊功能。表 2-6 列出了每个 ASCII 码的值及其所代表的字符。因为计算机是面向字节的，通常可以通过在最高位前补 0 的方法将 7 位 ASCII 码转换为 8 位。

表 2-6　7 位 ASCII 码

$b_3b_2b_1b_0$	$b_6b_5b_4$							
	000	001	010	011	100	101	110	111
0000	NULL	DLE	SP	0	@	P	`	P
0001	SOH	DC1	!	1	A	Q	a	q
0010	STX	DC2	"	2	B	R	b	r
0011	ETX	DC3	#	3	C	S	c	s
0100	EOT	DC4	$	4	D	T	d	t
0101	ENQ	NAK	%	5	E	U	e	u
0110	ACK	SYN	&	6	F	V	f	v
0111	BEL	ETB	'	7	G	W	g	w
1000	BS	CAN	(	8	H	X	h	x
1001	HT	EM	)	9	I	Y	i	y
1010	LF	SUB	*	:	J	Z	j	z
1011	VT	ESC	+	;	K	[	k	{

$b_3b_2b_1b_0$	$b_6b_5b_4$							
	000	001	010	011	100	101	110	111
1100	FF	FS	,	<	L	\	l	|
1101	CR	GS	−	=	M	]	m	}
1110	SO	RS	.	>	N	^	n	~
1111	SI	US	/	?	O	_	o	DEL

为了将一个 ASCII 字符转换为对应的 7 位二进制码，应将该字符在 ASCII 码表中的行号作为 ASCII 码的高 3 位，列号作为低 4 位。例如，字母 Z 的 ASCII 码表示为 5A6 或 $(1011010)_2$。数字字符 4 用 ASCII 码 $(00110100)_2$ 表示，而数值 4 用 $(00000100)_2$ 表示。当按下键盘上的"4"后，计算机得到的输入是 00110100 而不是 00000100。当读入一个来自键盘的输入或将一个输出送往显示器时，都必须在数字字符的 ASCII 码和数字的值之间进行转换。在高级语言里，这个转换是自动完成的。表 2-6 第 2、3 列表示 0000000～0011111 之间的 ASCII 码对应的字符，其中没有字母、数字或符号。这两列字符都是不可打印的，要么用于控制打印机或显示设备，要么用于控制数据传输链路。

7 位的 ASCII 码一共可以编码 128 个字符，为了支持 A、o 和 e 等重音字符，它已被扩展为 8 位的 ISO-8859-1 拉丁编码。但因为这种编码不适用于世界上的许多语言（如汉语和日语），研究人员又设计了 Unicode 16 位编码，以表示这些语言中的文字。Unicode 的前 256 个字符被映射到 ASCII 字符集上，使得 ASCII 码与 Unicode 的转换非常容易。Java 语言将 Unicode 作为其字符表示的标准方法。

2.6.3　汉字的表示

汉字的编码比较特殊，可分为机内码和机外码两类。机内码是在计算机内部使用的用二进制码表示的汉字编码，用于在计算机内部存储、交换、处理加工汉字信息；机外码是不在计算机内使用的汉字编码，主要是指汉字输入码。此外，还有供输出的汉字字形点阵码。

1. GB 2312 编码

我国于 1981 年发布《信息交换用汉字编码字符集》（GB 2312—1980）。它以 94 个可显示的 ASCII 码字符为基集，每个字符由两个字节构成，每个字节包含 7 位二进制码。GB 2312 图形字符构成一个二维码表，分成 94 行、94 列，行号称为区号，列号称为位号。每一个汉字或符号在二维码表中，都各自唯一对应一个区号和位号。区号在左，位号在右，区号和位号合在一起构成 4 位十进制码，即区位码。GB 2312 编码标准规定了进行一般汉字信息处理交换用的 6763 个汉字和 682 个非汉字图形字符的代码，合计 7445 个。

为了与国际标准一致，汉字用国标码来表示，每个汉字的区号和位号必须加上 32（十进制数）之后再转换成十六进制数形式。国标码用两个字节的十六进制数表示，如"中华人民共和国"七个字的国标码分别是 5650H、3B2AH、484BH、4371H、3932H、3A4DH、397AH。

2. 汉字机内码

汉字机内码是指计算机系统中用来表示中文或西文信息的代码。在计算机中双字节的汉字与单字节的西文是混在一起处理的。因此对汉字信息予以特别的标识，以与单字节的 ASCII 码字符相区别。在表示汉字的两个字节的最高位(b_7)上置 1，这种最高位为 1 的双字节(16 位)汉字编码称为汉字的机器内码。

汉字机内码与国标码的关系：汉字机内码高位字节=国标码高位字节+80H，汉字机内码低位字节=国标码低位字节+80H。例如，"中"的国标码是 5650H，将 5650H 拆分成 56H 和 50H，分别加上 80H，即得到"中"的机内码为 D6D0H。

3. 汉字输入码

为方便通过键盘人工输入汉字而设计的代码称为汉字输入码，又称为汉字外码，简称外码。按照编码原理，汉字输入码主要分为数字码、音码、形码和形音码 4 种。虽然输入汉字的编码方法不同，但对于使用不同汉字输入编码方法输入计算机中的同一汉字，它们的机内码是相同的。

(1)数字码：将待编码的汉字集以一定的规则排序后，依次逐个赋予相应的数字串作为汉字输入代码。

(2)音码：以我国语言文字工作委员会公布的《汉语拼音方案》为基础。

(3)形码：以汉字的形状确定的编码，这种编码规则比较复杂。

(4)形音码：综合使用汉字的拼音和形状进行汉字编码。

4. 汉字输入方法

为使计算机能够处理汉字，必须通过人工(如击键、语音)或自动化(如扫描)的方法将汉字信息(图形、编码或语音)转换为计算机内部表示汉字的机内码并存储起来。汉字的输入方法主要有下列几种。

(1)人工输入：汉字可以通过汉字大键盘整字输入，也可以通过标准键盘以汉字编码的形式输入。

(2)自动输入：利用光电扫描方法将汉字的图形信息直接输入计算机。

(3)汉语读音自动输入：利用声音识别技术将汉字的读音转换成编码输入计算机。

5. 汉字的输出

将计算机内经过处理的汉字机内码恢复成方块字形式并在计算机外部设备上显示或通过某种介质保存下来的过程，称为汉字输出。

(1)汉字字形码。为了能显示和打印汉字，必须先存储汉字的字形，将汉字的字形代码与其存储地址一一对应，以便取出字形存储码送到输出设备。构造汉字字形有向量法和点阵法两种方法，目前普遍使用的是点阵法。汉字字形通常分为通用型和精密型两类。通用型汉字字形分为简易型(16×16 点阵)、普通型(24×24 点阵)和提高型(32×32 点阵)。精密型汉字字形用于常规的印刷排版，由于信息量较大(字形点阵一般为 96×96 点阵以上)，通常采用信息压缩存储技术。

(2)汉字字模。汉字字模即汉字字库中存放的汉字字形。字模与字形的概念并没有严格区别。字模点阵码除 16×16、24×24 点阵外，还有 32×32、64×64、96×96、128×128 点阵，其至还有 512×512 点阵。显然，点数越多，字形质量越高。字模按字体可分为黑体字模、宋体字模、隶书字模、仿宋体字模和楷体字模等。

(3)汉字字库。汉字字形数字化后以二进制文件的形式存储在存储器中，构成汉字字形库或汉字字模库，简称汉字字库。汉字字库为汉字的输出设备提供字形数据。汉字字形的输出，是根据输出汉字的编码将存储在汉字字库中的相应汉字字形信息取出，然后送到指定的汉字输出设备上完成的。

(4)TrueType 字体。目前，计算机基本上都使用的是 TrueType 字体。TrueType 字体是苹果公司和微软公司共同推出的字体，随着 Windows 的流行，已经变成最常用的一种字体，是 Windows 操作系统唯一使用的字体，Macintosh 计算机也用 TrueType 字体作为系统字体。使用 TrueType 字体的最大优点是可以很方便地把字体轮廓转换成曲线，并对曲线进行填充，制成各种颜色和效果。另外，它可以进一步变形，变成具有特殊效果的字体，因此经常被用来制作一些标题字或花样字。

2.6.4 声音的表示

随着多媒体技术的出现，音频数据在计算机中的处理与存储成为现实。声音等非字符信息也是通过数字化的方法在计算机里表示的。复杂的声波由许多具有不同振幅和频率的正弦波组成，这些连续的模拟量不能由计算机直接处理，必须数字化后才能被计算机所识别和处理。计算机获取声音信息的过程即是声音信息数字化处理的过程。只有经过音频信号采样、量化和编码等数字化处理后的数字声音信息才能被计算机所识别和处理，如图 2-18 所示。

图 2-18　声音信息数字化过程

用数字方式记录声音，首先需要对声波进行采样。采样以一定的频率进行，即采样频率，以赫兹(Hz)为单位。如果提高采样频率，则单位时间内所得到的振幅值增多，即采样频率越高，对原声音曲线的模拟越精确，但所需的存储空间也就越大。要记录和播放声音文件，需要使用声音软件，声音软件通常需要使用声卡，只有通过声卡才能对声音信息进行有效的处理。

在计算机中，存储声音的文件格式很多，常用的声音文件格式如下。

(1) AU 格式：UNIX 系统开发的音频格式。

(2) AIFF 格式：苹果公司开发的音频格式。

(3) VQF 格式：雅马哈公司开发的音频格式。

(4) CD 格式：当今世界上音质最好的音频格式。

(5) APE 格式：目前流行的数字音乐文件格式之一。

(6) MP3 格式：诞生于 20 世纪 80 年代的德国，文件尺寸较小。

(7) RealAudio 格式：主要适用于网络上的在线音乐。

(8) WMA 格式：微软公司推出的适合网络在线播放的高压缩率音频格式。

(9) MIDI 格式：MIDI 文件是一段录制好的记录声音信息的文件。

2.6.5　图像和视觉表示

数字计算机能处理大量表示声音、静态图像和视频的数据。组成圆片的基本单位是像素，每个像素的大小可以是 8 位(单色)或 24 位(三基)，目前的图片(或图像)都用 24 位表示，每个像素值占 24 位，RGB 三个颜色通道每个颜色占 8 位。一张高分辨率照片中可能有超过 4K×3K 个像素。

通常数据必须进行精确编码，它的存储或处理不会丢失信息，这种编码被称为无损编码，即无论进行多少次编码或解码，总可以得到同样的结果，通过将频繁出现的词或一组字母替换为短语来压缩文本文件的 zip 编码算法就是一个很好的无损压缩例子。图像和声音编码(MPEG、JPEG 和 MP3)是有损编码，意味着编码会造成不可逆的质量损失。

2.6.6　信息表示的三种状态

目前，人类对事物客观属性有三种不同层次的抽象和表示。例如，正方形对角线的长度是一个客观存在的量，在人脑意识中，用符号 $\sqrt{2}$ 表示；在数学算术中，可以计算出它是一个无理数，数值为 1.4142135…；若用计算机 32 位浮点数表示方法，则可得到它在计算机中被表示为 00111111101101010000010011110011，如图 2-19 所示。

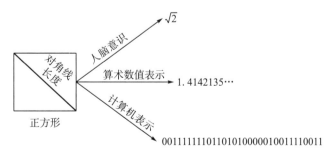

图 2-19　信息表示的三种状态

所有的客观事物对象，都有人脑意识、数制符号体系中的数值、计算机中数据表示这三种不同信息表示的状态。声音、图像、文字等各种物理世界中不同的客观事物，都可以有同样表示。

2.7 本 章 小 结

计算基础是计算机科学的基石，离开计算基础，就没有计算机的科学计算。本章内容都是原理性的基础知识，需要我们认真体会、理解和熟练应用。本章首先讲述了计算的本质是信息表示的符号化、规则化(计算化)和自动化，为计算机计算确定了方向；其次讲解了数制，指出需要正确理解数值表示中基数、位权的含义，学会数值的位置记数法，熟练掌握二进制与十进制之间的相互转换；再次介绍了计算机中数值的整数表示方法、真值、机器数，原码、反码、补码的含义，二进制数值计算规则，以及补码原理；接着介绍了用浮点数表示实数的规则，重点讲解了 32 位浮点数的存储格式、取值、精度、计算等知识；最后介绍了计算机中字符、文字、声音、图像的表示方法，提出信息表示的三种状态。

思考练习题

1. 举例说明人脑(或数学)和计算机在数据表示、数值计算上的相同点与区别。
2. 举例说明数制的含义、数制的表示方法以及数值位置表示方法。
3. 论述你对"万物皆数"的理解。
4. 请把下列十进制数转换为二进制数：2023，1949，3.14，-20.25。
5. 请把下列二进制数转换为十进制数：11010011，101011.0111，10001111.11010011。
6. 计算机内整数存储为 4 个字节，请把下列十进制数转换为二进制数的原码、反码、补码：2023，1073741820，-2023，-1073741820。
7. 请通过示例说明补码原理。
8. 计算机内整数存储为 2 个字节，请把下列二进制补码机器数转换为十进制数：0000110011100011，1111001010000111，1011111001111100，0011110001110010。
9. 请把下列实数转换为 32 位浮点数：2023，8.625，0.0008625，-0.002023。
10. 请把下列 32 位浮点数转换为十进制数：01000001101001010100000000000000，11000101100000000010000100000000。
11. 浮点数的取值范围是什么？请给出确定取值范围的方法。
12. 浮点数的精度是什么？请给出确定精度的方法。
13. 请说明数值和文字在计算机里的表示方式有哪些相同点和不同点。数值 2023 和文字 2023 在计算机内的表示方式各是什么？
14. 请叙述声音、图形的计算机表示方式，并举例说明。

15. 请说明汉字有哪几种表示方式，各种表示方式表达的含义是什么，为什么有这么多种表示方式。

16. 请论述信息表示的三种形态与计算的关系，并举例说明。

第3章 计算思维

计算机没用，它只会告诉你答案。

—— 帕布洛·毕加索

人与动物最大的区别之一就是人会创造并使用工具。在计算工具发展的过程中，计算工具不仅提升了人的工作效率，又反过来作用于人的思维方式，促成了计算思维的形成与发展。

3.1 思维与工具的相互作用

3.1.1 人类思维的发展

人类思维从古代到现代、从东方到西方，有着极大的差别。从抽象程度来划分，思维的发展大致经历了三个阶段：直观动作思维、具体形象思维、抽象逻辑思维。这三个思维发展阶段，既是递进的，又是相互渗透的。

约 300 万年前，早期的猿人(即能人)常常无法将自己与自然界分开，只能以自身的感觉器官直接地认识世界，其思维与动物思维极为类似，属于直观动作思维。这种思维活动是与具体的实物操作行为紧密联系在一起的，换句话说，早期的猿人只能在具体的实物操作行为中产生思维活动，离开对具体实物的操作，他们的思维活动就停止。这种思维活动不仅是原始猿人具有的，它也出现在人类的婴幼儿身上。儿童心理学家、教育家皮亚杰曾致力于对儿童思维的研究，指出婴幼儿从出生到两岁，只能进行直观的动作思维，且这种思维离不开具体的实物形象。

约 50 万年前，晚期的猿人(即直立人)已经能够直立行走，他们在感知运动阶段，通过对一系列动作的概括化，逐步形成了具体的形象思维。从打制石器的方法上看，晚期的猿人已经懂得对不同的石料采用不同的加工方法，能制成具有不同形状、不同用途的石器。不同于早期石器工具制造的偶然性，此时的猿人已经能够综合分析各种实象并保存在头脑中，在制造工具时，能够依据记忆表象和想象，对工具进行设计。也就是说，源自自然界的实物通过直观动作思维在晚期猿人的头脑中产生了对应的实象，晚期的猿人萌发了以记忆表象为主要特点的形象思维。

约 10 万年前，晚期的智人在形象思维的基础上萌发了早期的抽象思维。在形象思维活动中，经过各种各样的想象活动智人产生了意象，这从智人在洞穴中刻绘的图画就能窥见一斑。然而，智人虽然能形成意象，但还不能将信息进行逻辑加工，形成抽象思维。但正如计算意识的萌芽一般，抽象思维的萌芽最终使得人从早期的猿人进化成现代人。

3.1.2　工具对思维的影响

古人类史和心理学的研究表明，原始人类制造工具与思维能力的形成互为条件。2001年，时任美国德克萨斯大学教授的荷兰计算机科学家狄克斯特拉，在给大学预算委员会的信中写道，我们所使用的工具影响着我们的思维方式和思维习惯，从而也深刻地影响着我们的思维能力。而早在 19 世纪末，德国哲学家尼采也曾发出过类似的感叹。在 1882 年年初，尼采订购了一台丹麦制造的球形打字机，用以减轻写作给眼睛带来的负担。尼采学会打字后，可以闭着眼睛用指尖敲击键盘进行写作。尼采的挚友——作曲家科泽利茨注意到这台打字机对尼采的写作风格产生了影响，在给尼采的信中写道，通过这台机器，你甚至可能会喜欢上新成语。随后，尼采回信发出感叹：你是对的，我们所用的写作工具参与了我们思想的形成过程。

在科学史上，也存在大量工具影响思维的案例。16 世纪初，哥白尼在研究"地心说"时发现，为了解释地球中心模型，不得不引入大量复杂的集合结构，而太阳中心模型则更简单、更精致。在此基础上，哥白尼提出了"日心说"，即太阳是宇宙的中心。然而，当时的人们更笃信亚里士多德提出的"地心说"，即地球是宇宙的中心。大约在 1597 年，荷兰一位名叫汉斯·利伯希的眼镜制造商偶然发现将凸面镜和凹面镜叠在一起，透过镜片观察时物体会被放大。随后，能将物体放大 2～3 倍的小型望远镜被发明出来。几年后，伽利略从朋友那里了解到这种望远镜，并通过几个月的实验和试错，制造出可以将放大效果提升 9 倍的望远镜。最终，伽利略使用一个平凹目镜和一个平凸物镜，将望远镜的放大效果提升到 30 倍。借助望远镜，伽利略观测到月球、木星等，用证据证实了地球并非宇宙的中心，否定了人们信奉的亚里士多德的"地心说"。

随着各类工具被发明，人们开始借助更多的工具进行实验。正是在发明、使用工具的过程中，人们的思维渐渐发生了转变。人们开始意识到科学不仅仅是由观察和推论组成的，基于工具的实验，特别是量化的实验，对人们思维的影响也极其重要。

3.2　计算思维的起源与发展

3.2.1　计算工具的影响

从人类的计算意识开始萌芽，就不断有新的计算工具被发明与应用。计算思维并非横空出世，而是人们在使用各种计算工具的实践活动中，通过将现实问题转化为采用计算工具辅助或由计算工具自动处理问题的过程中逐步形成的，计算思维是与计算工具紧密关联的思维方式。

现代计算及其思维模式的提出，最早可追溯到 1945 年，著名数学家乔治·波利亚在其著作中首次提出了与计算对应的思维方式。1980 年，麻省理工学院的教授西摩·佩珀特出版了《因计算机而强大——计算机如何改变我们的思考与学习》。在书中，西摩明确指出，计算机不仅是一个工具，它对我们的心智有着根本和深远的影响，它的存在也已经改变了我们的思维。与当时主流的关注点不同，西摩关注的焦点不是作为计算工具的计算机，而是计算机作为一种学习辅助工具，如何帮助学习者求解数学、物理等学科问题。从那时起，计算工具对思维形成的影响逐渐被研究者们关注，计算思维的概念开始萌芽。

3.2.2　计算思维的概念

随着计算工具在人们工作、生活中的影响力不断增强，越来越多的研究者开始关注计算与思维的关系。2006 年，时任美国卡内基·梅隆大学计算机科学系主任的周以真教授，在《美国计算机学会通讯》上发表论文，正式提出"计算思维"这一概念。周教授在论文中指出，计算思维是指运用计算机科学的基础概念进行问题求解、系统设计，以及人类行为理解的一系列思维活动；是每个人而非仅计算机科学家应该具备的基本能力；应该像读、写及运算能力一样被传授。

然而，从"计算思维"的概念被提出到目前，计算思维依然没有一个被广泛认可的准确的定义。2010 年，美国国家研究委员会曾组织了一次计算思维的范围和性质研讨会，与会者对计算思维范围和性质的观点各异，但在以下两点上达成了共识：①计算思维在专业能力和信息素质培养上的重要性不言而喻；②计算思维是把现实问题转换成可计算模型，并利用计算工具求解结果的思维过程，与计算实践紧密相关。

在各个应用领域，从现实中发现问题，将它抽象、建模、转变成可以借助计算工具来解决的问题，是计算思维的关键。而这一系列活动，不应仅限于计算机科学这一领域。

3.2.3　计算思维的核心

计算思维涵盖了计算机科学的基本概念，但其中最为重要的是抽象和分解。计算思维采用抽象和分解的方法来处理复杂而庞大的任务，从这个层面上讲，计算思维也可以被视为运用抽象概念和分解方法来解决问题的一种思维方式。

1. 抽象

抽象是对事物进行人为处理的过程。一般而言，抽象具有如下特点：①有足够简单和易于遵守的规则；②无需知道具体实现方法就可以理解行为；③可以预知功能组合；④可以实现模块化的部件设计；⑤能确保行为的有效性。

与数学和物理学科相比，计算思维中的抽象显得更为丰富，也更复杂。数学抽象的最大特点是抛开现实事物的物理、化学和生物学等特性，而仅保留其量的关系和空间形式，而计算思维中的抽象却不仅如此。计算思维采用一种系统方法,融合工程思维和数学思维,保留并模拟不同学科的参数和特性,在多层次上进行抽象。

2. 分解

分解方法使得人们能够面对和处理更庞大、更复杂的问题。一般来说,对问题进行分解的有三个途径:①利用等价关系进行系统简化;②利用分治法进行分解;③采用系统模块分解原则。把某些比较复杂的问题分解为一些比较小的子问题后,就可以求解实际中的复杂问题。

3.2.4　计算思维的特征

2008 年,即在提出计算思维概念两年后,周以真教授发表文章《计算思维与关于计算的思维》,明确提出计算思维的本质是抽象及其自动化。特别值得注意的是,这里的自动化是对抽象的解释与执行,而不是通常意义上不需要人为干预的过程。进行自动化的既可以是人,也可以是机器。同时,周以真教授认为计算思维要解决两个问题:①对待要解决的问题,进行恰当的抽象;②以恰当的方式,对抽象进行解释与执行。此外,她还针对计算思维给出了一个外延式的界定,罗列了什么是计算思维,什么不是计算思维。而她对计算思维特征的概述,对认识计算思维也极有帮助。

1. 计算思维是概念化的而非程序化的

计算思维应当关注计算机程序背后的概念,而不是程序本身。要理解这一点,就必须明晰计算思维与编程实践之间的关系。在这一点上,北京航空航天大学的尹宝林教授给出了非常好的阐释:"计算思维并不等同于编程实践,计算思维是一种来源于计算实践,又高于计算实践的思维方式……但是要掌握计算思维必须通过学习编程,只有通过实际编程的感性经验,才能真正理解与此相关的抽象概念和理论。"换句话说,仅仅进行编程实践,着眼于技术的细枝末节,并不能培养计算思维;但若只是生吞活剥概念,也无益于计算思维的养成。

2. 计算思维是基本技能而非机械技能

周以真教授指出,计算思维应该给学生提供工具,让他们能够对实际问题进行推理,而不是只学会一堆需要死记硬背的公式和术语。任何一种思维方式,从无到有地发展起来,都是以解决问题为驱动力的。要培养对计算思维的正确认识,就必须从什么是计算开始,培养利用计算工具解决问题等基本技能。

3. 计算思维是人的思维而非机器的思维

计算思维是关于人如何构思和使用机器的思维方式,而不是关于机器本身的。这一点最容易产生误解,即认为计算思维是机器的思维,而不是人的思维。随着技术的不断发展,计算工具的智能化程度不断提升，但即便如此，机器依然不具有与人一样的思维能力。计算思维是人在充分认识计算工具、利用计算工具解决问题时的一种思维方式。

4. 计算思维是思想而非物质

不只是人们生产的软件硬件等人造物将以物理形式到处呈现并时时刻刻触及生活，更重要的是还将用以接近和求解问题、管理日常生活、与他人交流和互动的计算概念，而且是面向所有的人、所有地方。当计算思维真正融入人类活动的整体以致不再表现为一种显式之哲学的时候，它就将成为一种现实。

5. 计算思维是数学和工程的融合

计算本就属于数学领域，计算思维必然无法脱离数学而存在，但它却不等价于数学。在基于计算思维的问题求解过程中，不仅要对求解的问题进行抽象，还需要将其转化为计算机可以处理的符号集合。显然，第一步需要数学的助力，第二步需要工程技巧。因此，周以真教授将计算思维界定为"数学+工程"。

3.2.5　计算思维的发展

近年来，随着计算工具在各学科中广泛应用，计算思维正在改变各学科的面貌。计算思维不再仅仅是计算机科学家解决问题的思维方式，也是其他学科的科学家在使用计算工具时所具有的思维模式。计算思维已发展成为覆盖所有学科的思维模式，可以说，每门学科都蕴含计算思维，只是在不同的学科中，它具有不同的表现形式和内容。随着计算模型的不断创新与完善，相应地，计算思维的内容得到了持续的丰富。基于此，2020 年，陈国良院士团队以计算思维的新内容为基础，提出了计算思维 2.0。与推进学科计算化和信息化的计算思维 1.0 不同，计算思维 2.0 使人们计算思维有更加系统和深刻的认知，将催生新的计算模型、算法形式以及计算技术。计算思维 1.0 与计算思维 2.0 的不同见表 3-1。

表 3-1　计算思维 1.0 与计算思维 2.0

计算思维 1.0	计算思维 2.0
计算思维是计算机科学家的思维模式	计算思维是所有领域的科学家在应用计算和计算模型时所采取的思维模式
计算思维从计算机科学中产生，逐步扩展到其他科学领域	每个科学领域都有其自身特点的计算思维，贯穿通过计算模型求解问题的设计、执行和评价过程
学习编程过程中产生计算思维，计算思维主要涉及大量的编程技巧	计算思维提供了有关模型和算法的丰富概念，学习和理解计算思维能够提高编程能力
算法必须与程序紧密联系	算法并不一定要联系程序和计算机，算法是信息处理的技术，一些生物体内部进行的自然计算也属于算法
实施算法设计要求具备计算机科学领域的知识，特别是关于计算机的基本知识	每个人都可以在自己的领域找到求解问题的模型、算法和操作，并不需要图灵机这样的通用概念
应该关心程序背后的计算思维概念而不是程序本身	应该关心程序背后反映领域特点的内容，注重本学科解决问题的计算化趋势

3.3 计算思维的问题求解

不同于理论思维、实验思维，以计算思维为指导的问题求解，一般划分为如下几个步骤：①理解问题，寻找解决问题的条件；②对有连续性的问题，进行离散化处理；③通过问题抽象得出适当的模型，然后设计解决这个模型的算法；④按照算法编写程序，并调试、测试、运行程序，最终得到答案。

3.3.1 问题的求解

任何一种思维方式，其最终目的都是解决问题，计算思维亦如此。在对问题进行抽象建模前，明确它所属的类别，有助于选择合适的模型及建模方法。一般将问题大致划分为两大类，即求解的问题和求证的问题。但有些问题比较特殊(如旅行商问题)，在不同的情境下，既可以被划分为求解的问题，也可以被归为求证的问题。

对于求解的问题，目的是寻找问题的未知量。关于未知量，有两个要点：①未知量可以是任何可以想象的事物，即可以是一个几何图形，或方程的根，或一篇文章等，未知量的种类直接影响了问题求解的目标；②未知量应当满足的条件，即那些把未知量和已知量联系起来的条件。在求解的问题中，未知量、已知量和条件是问题建模过程中需要考虑的核心要点。

3.3.2 面向计算的抽象

前面介绍了抽象是计算思维的核心思想，其实，抽象也是计算思维中求解问题时最重要的方法之一。抽象与具体相对，是对具体存在的普适性的提升，是一种相对比较高级的思维活动。感知具体，是人的一种本能。而将从现实世界中感知到的形成抽象的概念，将具体的感知与抽象概念之间形成映射关系，则是一种需要经过后天学习才能获得的能力，也是动物与人的重要区别之一。如今，无论学科被划分得多么细，每一门学科都需要将现实抽象为与学科相关的研究对象作为基础。

模型是对具体或现实中现象的简化描述，是抽象的一种重要形式。无论是对世界进行简化的模型，还是用数学概率来类比的模型，或是人工构造的探索性模型，都最好是易处理且足够简单的。源于现实的问题通常纷繁复杂，只有构建并利用抽象的模型，才能更好地分析问题，并对其进行求解。

在纯粹的数学世界中，构建数学模型的终极目标是使人们能在一定的抽象层面对一类问题进行深入细致的研究，并且在分析模型的基础上得出数学结论，将其用于解释或预测，如图 3-1 所示。

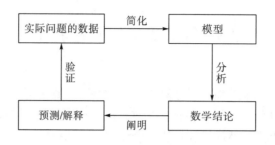

图 3-1　数学建模流程

与数学领域中的数学建模不同，在面向计算的抽象中，数学模型只是一种帮助人们求解问题的中介，模型本身并不是研究对象。基于模型，获得能在计算模型上执行的现实问题的求解方案，并让计算工具完成求解方案的自动执行，才是最终目标。

3.3.3　求解方案算法化

待求解的问题被抽象表示成模型(无论是数学模型，还是面向计算的其他模型)后，下一步都是基于模型设计算法，使得问题的求解方案能被描述成计算工具可以处理的代码。算法是问题求解的关键。

宽泛地讲，算法就是完成某项任务的一系列步骤。在日常生活中，我们随时随地都在与算法打交道。例如，早上起床刷牙时，你可能采用这样的算法：打开牙膏盖，拿起牙刷，将足量的牙膏挤到牙刷上，盖上牙膏盖，将牙刷放进嘴里并上下刷动约 1min。又如，出门乘坐轻轨，进站时你需要遵循这样的算法：拿出具有近场通信(near field communication，NFC)功能的交通卡，将它放置在站点入口闸机刷卡处，待闸机打开后，快速通过。

在计算思维指导下的问题求解中，算法是一系列被准确描述且能在计算模型或计算工具上被执行的用于完成某项任务的步骤。在 The Art of Computer Programming(《计算机程序设计的艺术》)中，高德纳·克努特(Donald E. Knuth)给出了算法的基本定义：一个有穷规则的集合，其中的规则规定了一个解决某一特定类型问题的运算序列。从本质上看，算法是描述成规则的一组运算序列。这个运算序列的执行者，既可以是人，也可以是计算工具。在高纳德·克努特对算法的定义中，值得关注的一点是：算法关注的是求解一类问题，而非某一个特定的具体的问题。也就是说，算法在既定的问题范围内具有一般性。

3.3.4　算法设计策略

1. 分治法

现实中的问题，常常存在这样的特性：当问题规模较小时，很容易求解；但当问题规模增大后，则很难直接解决。例如，对 n 个元素从小到大进行排序。当 $n=0$ 或 $n=1$ 时，不需要任何操作即有序；当 $n=2$ 时，需要做一次比较操作才能有序；但是当 $n=1000$ 甚至更大的数值时，要让数字有序排列，就不那么容易了。

　　分治法，也可称为分解法，即将一个难以直接解决的问题，分割成一些规模较小的相同子问题，再将子问题分割成更小的子问题，直到最后子问题可以简单地直接求解，原问题的解即为子问题解的并集。在排序的例子中，当 $n=0$ 或 $n=1$ 时，排序问题可以直接求解，该条件通常称为基线条件。因此，采用分治法进行算法设计时，基本思路如下：① 找出可直接进行问题求解的基线条件；② 不断缩小问题规模，直到分解后的问题符合基线条件。

　　以分土地的问题为例：假设一块土地长 84m，宽 32m（图 3-2），需要将这块地均匀地分成多个地块，要求分出的地块要尽可能大，应该如何划分？

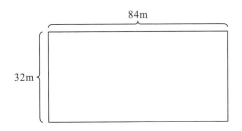

图 3-2　原始土地尺寸

　　在这个例子中，代表土地长、宽的数值 84、32 之间不存在倍数关系，显然无法直接通过平分进行划分。但这个问题存在一个基线条件，即一条边的长度是另一条边的整数倍。比如，一条边长 16m，另一条边长 8m，那么可使用的最大地块就是 8m×8m。对于具有基线条件的问题，可以考虑采用分治法来进行算法设计。在已经明确基线条件的前提下，可以不断缩小问题规模，直到分解出的问题符合基线条件。因此，可以先找出这块土地对应的最大地块，即两个大小为 32m×32m 的地块；余下一块 32m×20m 的地块待划分，如图 3-3 所示。

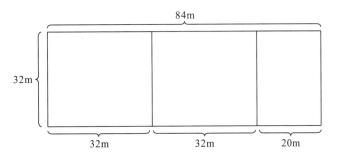

图 3-3　第一次分割土地尺寸

　　对于两个大小为 32m×32m 的地块，无须继续处理，因此只需要对大小为 32m×20m 的地块继续进行划分。通过观察可知，大小为 32m×20m 的地块可以分割的最大地块为 20m×20m，且余下大小为 20m×12m 的地块，如图 3-4 所示。

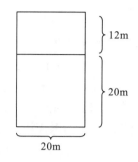

图 3-4　第二次分割土地尺寸

继续对大小为 20m×12m 的地块进行划分［图 3-5(a)］，通过第三次划分，余下大小为 12m×8m 的地块。再对余下的地块进行第四次、第五次划分，如图 3-5(b)、图 3-5(c) 所示。当待划分的地块大小为 8m×4m 时，一条边的长度是另一条边的整数倍，满足基线条件，可直接将地块划分为两个大小为 4m×4m 的地块。因此，对于最初那块土地，均匀划分成多个地块时，地块的大小为 4m×4m。

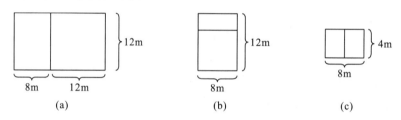

图 3-5　第三次、第四次、第五次分割土地尺寸

在上述划分地块的过程中，有一个操作被反复地执行，即找出某块地可分割的最大地块。但每次重复执行该操作时，地块的大小不断地缩小：32m×32m→20m×20m→12m×12m→8m×8m。由此可见，对于采用分治法进行算法设计的问题，一般具有以下特征：①问题的规模缩小到一定程度时，问题可以直接解决；②问题可以分解为若干个规模较小的相同子问题；③问题所分解出的各个子问题是相互独立的；④当获得各子问题的解后，即可获得原始问题的解。其中，现实中绝大多数待求解的问题都满足第一条特征，因为问题的计算复杂性一般随着问题规模的增加而增加。第二条特征是应用分治法进行算法设计的前提。如果问题不满足第三条特征，即各个子问题不是相互独立的，则分治法需要重复地求解相同的子问题，此时虽然可用分治法，但求解问题的效率较低，可考虑采用其他算法构造策略求解。第四条特征是判断问题能否采用分治法进行算法设计的关键，如果这条特征不满足，则不能采用分治法进行问题求解。

2. 贪心法

假设有一个背包(能承载的最大重量是 35kg)，以及三件具有不同重量和价值的物品。三件物品的重量与价值，具体见表 3-2。假定三件物品都不能被分割，应该选择将哪些物品放入背包，使得背包中物品的总价值最大且不超过背包所能承载的重量？通常，这个问题也被称为 0/1 背包问题。

表 3-2　各物品重量与价值

参数	物品编号		
	1	2	3
重量/kg	30	20	15
价值/元	3000	2000	1500

装入背包的物品总重量不超过背包所能承载的重量是这个问题的约束条件。有一种非常简单的解决方案，就是列举出各种可能的物品组合，并计算出每种组合的价值，从中找出满足约束条件且价值最高的组合。当物品为 3 件时，需要列举计算 8 种不同的组合；物品为 4 件时，则需要列举计算 16 种组合。换句话说，每增加一件物品，需要列举与计算的物品组合数都将翻倍，效率降低。

贪心法是指在进行问题求解时，总是做出当前最好的选择。对于 0/1 背包问题，若采用贪心法进行算法设计，在每一次向背包中装入物品时，则会选择价值最大的物品。因此，第一次选择物品装包时，重量为 30kg 的物品 1 将被放入背包中；第二次选择物品装包时，剩下的物品重量超限，无法放入背包中。此时获得问题的解，即将物品 1 放入背包中，背包中物品价值 3000 元。但这个解并不是问题的最优解，因为背包有 5kg 的容量没有被使用。事实上，如果将物品 2 和物品 3 放入背包中，则能够在满足约束条件的情况下获得 3500 元的价值。由此可见，采用贪心法设计算法，虽然能获得问题的解，但并不能确保这个解是问题的最优解，而是一个与最优解非常接近的近似解。

3. 动态规划

1951 年，美国数学家贝尔曼等针对具有多个阶段的问题进行了研究，提出了一种将多阶段决策问题变换为一系列互相联系的单阶段问题后逐个加以解决的方法，即最优化原理。动态规划就是基于最优化原理的算法设计策略。一般而言，采用动态规划求解的问题需要满足以下两个条件：①问题中的状态必须满足最优化原理；②问题中的状态必须满足无后效性。换句话说，下一时刻的状态只与当前状态有关，而和当前状态之前的状态无关，当前的状态是对以往决策的总结。

以 0/1 背包问题为例。往能承载 35kg 重量的背包里放物品，可将其视为几个子问题：分别往承重 15kg、20kg、30kg、35kg 的背包里放物品。为了便于陈述，以 3 件物品、不同承重的背包制成一个表格(表 3-3)。表格中，分别填写在限定的背包承重下所能获得的最大背包价值。

表 3-3　初始表格

物品	15kg	20kg	30kg	35kg
3				
2				
1				

在表 3-3 的第一行，填写将物品 3 放入各种不同承重的背包后所获得的最大价值。物品 3 为 15kg，因此能放入所列的所有背包中，能获得的最大价值均为 1500 元，见表 3-4。

表 3-4　考虑放物品 3 时各背包的最大价值

物品	15kg	20kg	30kg	35kg
3	1500 元	1500 元	1500 元	1500 元
2				
1				

在表 3-3 的第二行，继续分别填写将物品 3 和物品 2 放入各种不同承重的背包后所能获得的最大价值。物品 2 为 20kg，因此当背包承重为 15kg 时，无法将物品 2 放入背包中，背包所能获得的最大价值不变，依然是 1500 元；但当背包承重为 20kg 时，若选择只将物品 2 放入背包中，则能获得更大的价值，即 2000 元。因此，将承重 20kg 的背包所能获得的最大价值从 1500 元调整为 2000 元，见表 3-5。

表 3-5　考虑放物品 3 和物品 2 时背包的最大价值

物品	15kg	20kg	30kg	35kg
3	1500 元	1500 元	1500 元	1500 元
2	1500 元	2000 元		
1				

类似地，当背包承重为 30kg 时，选择只将物品 2 放入背包中能获得更大的价值，即 2000 元。因此，将承重 30kg 的背包所能获得的最大价值从 1500 元也调整为 2000 元，见表 3-6。

表 3-6　考虑放物品 3 和物品 2 时背包的最大价值

物品	15kg	20kg	30kg	35kg
3	1500 元	1500 元	1500 元	1500 元
2	1500 元	2000 元	2000 元	
1				

当背包承重为 35kg 时，若只将物品 1 放入背包中，能获得的价值为 3000 元。如果将问题视为两个子问题，即将物品分别放入承重 15kg 和 20kg 的背包中，从第二行已经填写的数据可以得知，将物品放入承重 15kg 的背包中，最多能获得 1500 元的价值；将物品放入承重 20kg 的背包中，最多能获得 2000 元的价值。那么，对于承重 35kg 的背包，所能获得的最大价值为 2000 元与 1500 元之和，即 3500 元。因此，将承重 35kg 的背包所能获得的最大价值从 1500 元更新为 3500 元，见表 3-7。

表 3-7　考虑放物品 3 和物品 2 时背包的最大价值

物品	15kg	20kg	30kg	35kg
3	1500 元	1500 元	1500 元	1500 元
2	1500 元	2000 元	2000 元	3500 元
1				

在表 3-7 的第三行，由于物品 1 为 30kg，无法放入承重 15kg 和 20kg 的背包中，因此，承重 15kg 和 20kg 的背包所能获得的最大价值不会被更新，依然分别是 1500 元与 2000 元，见表 3-8。

表 3-8　考虑放所有物品时背包的最大价值

物品	15kg	20kg	30kg	35kg
3	1500 元	1500 元	1500 元	1500 元
2	1500 元	2000 元	2000 元	3500 元
1	1500 元	2000 元		

当背包承重为 30kg 时，若只将物品 1 放入背包中，能获得更大的价值，即 3000 元。因此，将承重 30kg 的背包所能获得的最大价值从 2000 元更新为 3000 元，见表 3-9。

表 3-9　考虑放所有物品时背包的最大价值

物品	15kg	20kg	30kg	35kg
3	1500 元	1500 元	1500 元	1500 元
2	1500 元	2000 元	2000 元	3500 元
1	1500 元	2000 元	3000 元	

当背包承重为 35kg 时，若将物品 1 放入背包中，则不能再往里放物品 2 或物品 3，能获得的最大价值为 3000 元。而目前承重 35kg 的背包所能获得的最大价值为 3500 元，因此，对于承重 35kg 的背包，所能获得的最大价值不会变更，依然为 3500 元，见表 3-10。由此可见，对于多阶段决策类问题，采用动态规划能获得问题的最优解。

表 3-10　考虑放所有物品时背包的最大价值

物品	15kg	20kg	30kg	35kg
3	1500 元	1500 元	1500 元	1500 元
2	1500 元	2000 元	2000 元	3500 元
1	1500 元	2000 元	3000 元	3500 元

4. 回溯

埃及的金字塔，以其雄伟壮观被世人所知。但在埃及，还有另一种神奇的建筑，即地下迷宫。希腊历史学家希罗多德，在其著作《历史》的第二卷中称"地下迷宫无法用语言来形容，就算把希腊人的古建筑全部加起来也无法和这个迷宫相提并论"。公元 17 世纪时，一位名叫阿塔纳斯·珂雪的德国学者，首次复原了谜一般的埃及地下迷宫：地上有1500 个房间，地下有 1500 个房间，12 个带顶的院落，环绕着所有院落的高墙，边上还有一个巨大的人工湖，湖中矗立着两座金字塔。如何走入并走出这庞大的迷宫，一直是人们津津乐道的问题。

早在古埃及时，人们就试图找到解决迷宫问题的通用方法。据传，古埃及有一位法老，在年幼时曾发明了一种走出迷宫的方法。他在进入迷宫前，携带了一根很长的绳子，并将绳子的一头拴在迷宫的入口处，然后采用以下的步骤走出了迷宫。

第一步：遇到第一个岔口时，走进最左边的分岔，让绳子随着自己沿着岔路往前走；后续遇到新岔口时，依然沿着最左边的分岔走。如此走下去，一直走到死胡同或走出迷宫。如果能走出迷宫，则问题被解决。

第二步：如果走到死胡同，就往后退到上一个岔口，将其记为 x；进入 x 对应的第二个岔道，转到第一步；若岔口 x 所能到达的所有岔路都已经被尝试过，则转到第三步。

第三步：沿着绳子往回走，回到 x 的前一个岔口 y，转到第一步。

不断重复上述三个步骤，能够解决任何迷宫问题。该方法有两个关键点：①走到哪里就把绳子拖到哪里，用绳子记录从入口经历各个岔口之后到当前位置的行走路线，避免不断走重复的路；②无论是遇到新的岔口，还是回到上一个岔口，都先走尚未进入过的最左边的岔路。这种方法就是回溯。回溯作为一个术语，由美国数学家莱默于 20 世纪 50 年代提出，也可以称为试探法。

另一个典型的通过回溯设计算法的案例是八皇后问题。这个问题由国际象棋棋手马克斯·贝瑟尔在 1848 年提出，即求解 8 个皇后在 8 格×8 格的国际象棋棋盘上有多少种摆法，使得 8 个皇后彼此不能互相攻击，即任意两个皇后不能处于同一行、同一列或同一斜线上。由于每一个皇后摆放的位置都受到前一个皇后落子位置的限制，所以先落子的皇后可选择的位置较多，后落子的皇后可选择的较少。采用回溯解决八皇后问题的基本思路：先在棋盘上放第 1 个皇后，然后再放第 2 个，并确保第 2 个皇后和第 1 个不互相攻击；接着再放第 3 个皇后，并确保它与前两个皇后不会相互攻击，以此类推，直到所有皇后都摆放上去。假如第 7 个皇后放上去后，第 8 个皇后没有符合要求的位置可放，则第 7 个皇后成为回溯点，需调整它的位置，并相应地调整第 8 个皇后的位置，看是否存在皇后不相互攻击的位置；如果第 7 个皇后的所有位置都已经尝试过，但第 8 个皇后仍没有找到摆放的位置，则第 6 个皇后成为回溯点，需调整它的位置，随后相应地重新调整第 7 个、第 8 个皇后的位置。以此类推，有可能需要回溯到调整第 1 个皇后的位置。

回溯是一种选优探索法，按选优条件向前探索，直到达到目标。当探索到某一步时，发现原先的选择并不优或达不到目标，就退回一步重新选择。通常，满足回溯条件的某个状态点称为回溯点。在走迷宫的示例中，被标记的岔口 x、y 等，就是回溯点。当走到死胡同时，需要在回溯点重新进行选择。

这种方法暂时放弃了关于问题规模大小的限制，将问题的候选解按某种顺序逐一枚举和检验。当发现当前候选解不可能是解时，就选择下一个候选解；如果当前候选解除了不满足问题规模要求外满足其他所有要求，就继续扩大当前候选解的规模，并继续试探。如果当前候选解满足包括问题规模在内的所有要求，则该候选解就是问题的一个解。放弃当前候选解，寻找下一个候选解的过程称为回溯；扩大当前候选解的规模，以继续试探的过程称为向前试探。换言之，回溯允许在选择失败的情况下，尝试完所有可能的选择。

3.3.5　算法执行工程化

　　1978 年，钱学森先生在构建科学体系观时，特意将"工程技术"而非"工程科学"单独列为一个层次，意在突出工程的实践性和应用性。类似地，针对待求解的问题，不仅要设计问题求解的算法，还必须将算法转化成能在计算工具上执行的代码，在可接受的限制条件下完成问题的自动求解，即算法的执行与工程化。

　　在现实世界中，算法执行的限制条件可能会跨多个领域，如科学、技术、经济、管理、社会、文化、环境等。但在所有限制条件中，算法的执行时间是最为重要的。如果一个算法能够在人们满意的时间内解决问题，那么它就是"好"的算法。对于"好"的界定，组合优化大师杰克·埃德蒙德曾提出：好的算法能保证在至多正比于 n^k 的时间内完成。其中，n 由求解的问题规模大小决定，若对 10 个数据进行排序，则 $n=10$；若对 10000 个数据进行排序，则 $n=10^4$。指数 k 可以是任意值，但必须是固定值，不能随着 n 的增大而增大。例如，算法的运行时间若以 n^3 的速度增加，则是"好"的；若以 2^n 或 n^n 的速度增加，则是"坏"的。见表 3-11，在每秒运算 10 亿次的计算机上运行具有不同时间增速的算法，当 $n=10$ 时，即便是"坏"的算法也够用了；如果 n 的取值超过 50，"好"算法和"坏"算法则呈现出天壤之别。

表 3-11　每秒运算 10^9 次的计算工具在不同条件下的运行时间

复杂度	$n=10$	$n=25$	$n=50$	$n=100$
n^3	0.000001s	0.00002s	0.0001s	0.001s
2^n	0.000001s	0.03s	13 天	40 万亿年

　　为了尽可能地提高算法的执行效率，一般从以下几个方面进行优化。

　　1. 对算法本身进行优化

　　当求解方案中采用的算法时间复杂度为 n^2、2^n 或 $n!$ 时，可以从降低算法时间复杂度着手，对算法进行优化。但是，采用这种途径进行求解方案的整体优化，在建模、算法设计、数学等方面要求较高。此时，可以考虑调整算法设计策略，不以获得待求解问题准确的解为目标，而是求解一个适用的近似解。另外，在设计算法时，通常假定算法只在一个计算工具上执行，因此还可以通过将算法并行化，使它可以同时在多个计算工具上执行，从而减少算法执行时间。

2. 提升计算工具的性能

从 20 世纪 80 年代中期开始，计算工具的性能快速提升。首先微处理器快速发展，最初的计算机采用 8 位中央处理器，后来采用 16 位、32 位，甚至 64 位的中央处理器。随着多核中央处理器的出现，单机的性能进一步得到提升。其次高速计算机网络诞生，通过局域网，同一栋楼里的上百台计算机能连接在一起，且彼此之间传输数据以毫秒计；通过广域网，世界各地的计算机能连接在一起，高效地传输数据。随着微处理器和网络技术的快速发展，分布式系统应运而生。提升计算工具的性能，大部分时候就是提升分布式系统的性能。

目前常见的分布式计算有集群计算、网格计算、云计算等。随着个人计算机、工作站价格的降低，集群计算开始普及。采用集群计算技术，只需要将一组性能相对较低的计算机通过高速网络连接在一起，就可以构造一台性能极高的超级计算机。在工业界，企业通过虚拟化技术向客户按需提供云计算服务，使得个人用户也可以获得高性能的计算。

3. 优化开发的流程

软件开发流程一般包含如下任务：需求获取、设计、实现、确认和维护。需求获取，也可称为需求分析，即获取代码交付方的真实需求，这项任务的难点在于交付方对算法、计算工具等并不熟悉，而开发方对交付方的需求领域可能也不熟悉，克服沟通屏障，实现高效的沟通，是获取需求的重点。在设计过程中，需要采用恰当的方法将待求解的问题划分成多个子问题，并确保各个子问题的解决能使得原问题被解决。在实现过程中，需要选择适用的程序设计语言，将设计方案转化成可以在计算工具上执行的代码。在确认过程中，需要确认最终实现的代码能完成问题的求解。在维护过程中，需要根据代码运行环境的变化做出相应的调整，使得代码能稳定、无误地运行。

对开发流程进行优化，就是要分析待求解的问题，对问题的规模进行评估，在控制成本的条件下，选择适宜的开发模型，开发出高质量的代码。而为协调、优化开发流程中的各项任务，确保最终实现的代码质量，软件工程专家研发了多个针对软件生命周期的开发模型。其中最经典的模型是瀑布模型，它将上述软件开发任务按严格的先后顺序进行执行，如在没有完成需求分析前，不能进行设计任务的执行。此外，常见的开发模型还有螺旋模型、快速原型模型、极限编程模型等。

3.4　计算思维应用案例

3.4.1　案例问题描述

1991 年 8 月 6 日，蒂姆·伯纳斯·李发布了首个网站，预示着互联网时代开启。那时，互联网上具有独立域名的网站只有 1 个。到了 1994 年，互联网上网站总数增长到 2738 个。当时的网站不仅数量不多，而且大都是静态网站，更新速度慢，即便是微软、苹果、亚马逊等知名公司的网站，看上去也很简单。随着通信技术的发展和计算机的普及，互联网上具有独立域名的网站数量每一秒都在增加，且大部分网站都能够进行实时更新。但无论是在互联网发展初期，还是在互联网大爆发期，对于网络使用者而言，如何在互联网中获取需要的信息，都是一个需要解决的紧迫问题。

3.4.2　非计算思维问题的求解

1883 年，在美国怀俄明州夏延市，某人使用打印机打印电话簿时，用黄纸替代了白纸。此后，人们就将商业用的社会团体电话名册、通信目录称为"黄页"。1886 年，美国人鲁本·H.唐纳利创建了第一个正式的黄页。

黄页是按企业性质和产品类别编排的工商电话号码簿，通常是一个目录，按照字母表的顺序列出某个特定地理位置的商家信息，并按照商家的类型进行分类。黄页通常每年出版一次，并免费分发给该区域的所有住户和企业。

1994 年，斯坦福大学电子工程系的研究生杨致远与大卫·菲洛将"黄页"的概念引入互联网中，创建了一个名为 Jerry and David's Guide to the World Wide Web 的网站，为几百个相互隔绝的网站手工制作了一个黄页。他们聘请了数十名员工来筛选各个网站为加入网站目录提出的申请。那时，互联网的目录、索引构建工作都以人工方式完成。

1995 年推出的搜索引擎 Altavista，将索引的概念引入互联网。不同于图书的索引，其索引对象从书页变成了互联网上的网页。Altavista 为每一个网页分配了一个不同的页码，当用户输入搜索关键词后，搜索引擎能很快跳转到单词表中与关键词匹配的项，并给出该项对应的页面列表。然而，仅仅依赖索引匹配，不能完全解决高效获取互联网信息的问题。为一个给定的查询高效地找出查询信息，不仅需要查找匹配结果，还需要对匹配结果进行排序，挑选出前几个匹配结果并展示给用户。Altavista 尝试利用网页中的元词解决网页排名问题，但效果并不好。

3.4.3　计算思维问题的求解

不同于前述的非计算思维问题求解，计算思维求解问题主要遵循如下四个步骤：①理解问题，寻找解决问题的条件；②对有连续性的问题，进行离散化处理；③根据问题抽象得出适当的模型，然后设计解决这个问题的算法；④按照算法编写程序，并调试、测试、运行程序，得到最终的答案。

以计算思维重新审视获取互联网信息的问题，截至 2021 年，互联网上具有独立域名的网站数量已经达到数亿个，并且随着动态网页技术的发展，网页内容更新的频率也大幅提升。采用人工方式建立数字化黄页，或为网页建立索引，已经渐渐无法满足人们及时获取网络信息的需求。

为解决网页排名问题，在网页有向图模型的基础上，斯坦福大学学生拉里·佩奇和谢尔盖·布林设计了 PageRank 算法。该算法利用了网页间的链接结构(图 3-6)，通过在网络上爬行进行内容获取。

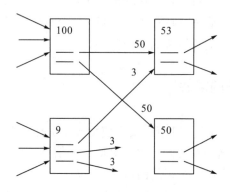

图 3-6   网页链接示例

PageRank 算法能在没有人为干预的情况下，自动完成网络上数以亿计网页的排位权值计算，并以此为依据对网页进行排序。

3.5 本 章 小 结

如同读写能力是受过教育的人应具备的基本技能，计算思维已发展成为人们在信息时代应掌握的一种重要思维方式。本章首先通过回顾人类思维发展的主要阶段，即直观动作思维→具体形象思维→抽象逻辑思维，明确了工具的使用对人类思维产生的影响，并从人类制造、使用计算工具角度溯源计算思维的萌芽；其次从概念、核心、特征、发展四个维度对计算思维进行了介绍；再次介绍了将计算思维应用于问题求解的主要步骤，以及在各个步骤中采用的主要方法；最后基于一个具体的问题求解案例，分别介绍了以非计算思维及计算思维进行问题求解的方式。

通过对本章的学习，需理解计算思维是一种人类而非机器的思维，其核心与要点是面向计算的抽象及其自动化；掌握计算思维应用于问题求解的关键步骤及方法，以此为基础体会计算思维对工程实践的指导作用。未来随着计算模型、计算工具的进一步发展，计算思维也将持续不断地丰富，最终发展成为一种世界观、方法论。

思考练习题

1. 浅析计算模型、计算工具、计算思维三者间的关系。
2. 相较于美术、音乐等抽象形式，面向计算的抽象的特点是什么？
3. 浅析数学思维与计算思维的异同点，并举例说明。
4. 浅析程序设计与计算思维的关系，并举例说明。

5. 什么是算法？它具有哪些特点？

6. 生活中常见的菜谱是不是一种算法？为什么？

7. 存在一种说法认为计算思维就是算法思维，你是否认同这种说法，为什么？

8. 计算思维作为一种思维方式，与软件工程的关系是什么？

9. 随着人工智能技术的不断创新与发展，浅析以深度学习为代表的 AI 技术对计算思维会产生怎样的影响。

10. 应用计算思维的问题求解步骤，求解量水问题。

提示：量水问题是指给定两个没有刻度且分别可以装 aL、bL 水的桶，是否可以量出 tL 的水？如果可以，怎么量？

11. 应用计算思维的问题求解步骤，求解拿棋子问题。

提示：拿棋子问题是指给定分别有 3 颗、5 颗棋子的两堆棋子，两人轮流拿，但每次只能从其中一堆中至少拿 1 颗棋子，拿到最后一颗棋子的人获胜。假设你先拿，怎么拿才能有希望获胜？

12. 应用计算思维的问题求解步骤，求解兔子问题。

提示：兔子问题是指假设在一个完全封闭的理想环境中养兔子，开始时只有一对幼兔，幼兔两个月就长成成兔，并且每个月每对成兔又能生出一对新的幼兔，所有兔子都不死去，一年后有多少对兔子？

13. 以自己生活中遇到的某个问题为例，试分析能否应用计算思维求解该问题？如果可以，应如何求解？

第4章 程序设计

程序设计是一门艺术而不是一门科学，因为艺术是人创造的，科学不是。艺术是可以无止境提高，但科学不行。

——高德纳·克努特

用计算机语言编写的代码集合就是计算机程序。程序是计算机语言编程结果的表现形式，理解程序首先要理解计算机语言和程序设计。程序有两种不同的表现形式，一种是计算机语言进行程序设计形成的文本文件代码形式，另一种是把文本形式的程序编译转换为二进制代码形式的程序。程序设计把计算机语言和文本形式的程序关联起来，编译把文本形式的程序与二进制代码程序关联起来。计算机语言、程序设计、编译、程序等概念密不可分。

本章主要介绍如何通过程序来掌控计算机，涉及指令、机器语言、二进制代码、汇编语言、汇编程序、高级语言、程序和软件等概念及其之间的关系。在此基础上，进一步介绍程序的组成、程序设计思想、程序分类等基础知识，以为后续学习软件、软件工程、软件科学与技术等学科知识打好基础。

4.1 机器语言

4.1.1 机器指令

按照冯·诺依曼计算机体系结构的原理，计算机只能识别和执行由0、1组成的二进制代码。计算机程序由一系列机器指令组成，指令就是要计算机执行某种操作的命令。从计算机系统层次结构来说，计算机的指令分为微指令、宏指令和机器指令。微指令是微程序级别的命令，属于硬件层次；宏指令是由若干条机器指令组成的软件指令，属于软件层次；而机器指令则介于微指令与宏指令之间，通常简称为指令，每一条指令可完成一个独立的算术运算或逻辑运算操作。

机器指令通常由操作码和操作数两部分组成，操作码指示指令要完成的操作，即指令的功能；操作数是参与运算的数据，以及运算结果所存放的位置等。一般操作码在前，操作数在后。目前常用的是微机 Intel 指令，指令长度为 1~13 个字节。例如，00000000 代表加载(load)，00000001 代表存储(store)，10111000 代表移动(mov)，000000000000 代表地址为 0 的存储器，000000000001 代表地址为 1 的存储器，000000010000 代表地址为 16 的存储器，00000000000000010000 代表 load A, 16, 00000001000000000001 代表 load B, 1。而将数值 1 移到寄存器中的指令机器码则是 10111000000000000001，其中 10111000 是 mov 操作码，000000000001 是操作数，计算机读到这串二进制代码后，能识别并执行把数值 1 移到寄存器 eax 的操作。

4.1.2　指令系统

一台计算机中所有机器指令的集合，称为这台计算机的指令系统(指令集)。指令系统是表征一台计算机性能的重要因素，它的格式与功能不仅影响机器的硬件结构，而且影响系统软件。

依据指令长度的不同，计算机可分为复杂指令集计算机(complex instruction set computer，CISC)、精简指令集计算机(reduced instruction set computer，RISC)和超长指令字(very long instruction word，VLIW)计算机三种。CISC 中的指令长度可变，CPU 在执行过程中将其翻译成一条或多条微代码，RISC 中的指令长度相对固定，VLIW 指令集本质上是多条同时执行的指令的组合。

早期的 CPU 都采用 CISC 结构，如 IBM 的 System360、Intel 的 8080 和 8086 系列、Motorola 的 68000 系列等。这是因为早期处理器昂贵且处理速度慢，设计者不得不加入越来越多的复杂指令来提高执行速度，部分复杂指令甚至可与高级语言中的操作直接对应。这简化了软件和编译器的设计，但也明显提高了硬件的复杂性。当硬件复杂度逐渐提高时，CISC 结构出现了一系列问题。大量复杂指令在实际中很少被用到，典型程序常用的指令只占指令集总指令数的 20%。同时，复杂的微代码翻译也增加了流水线设计难度，并降低了频繁使用的简单指令的执行效率。

针对 CISC 结构的缺点，RISC 遵循了简单化的思路。RISC 指令功能简单，单个指令执行周期短；使用定长指令，译码简单；访存只能通过 load、store 指令实现。最早的 RISC 处理器可追溯到控制数据公司(Control Data Corporation，CDC)1964 年推出的世界上第一台超级计算机 CDC6600，目前广泛使用的 ARM 处理器是 RISC 处理器的代表之一，ARM 处理器在移动通信市场占据了核心主导地位。

VLIW 结构的最初构想是最大程度利用指令级并行(instruction level parallelism，ILP)，一个超长指令字由多个互相存在相关性(控制相关、数据相关等)的指令组成，可并行处理。VLIW 可显著简化硬件实现，但增加了编译器的设计难度。

指令系统的性能，决定了计算机的基本功能，因而指令系统的设计是计算机系统设计中的一个核心问题，它不仅与计算机的硬件结构紧密相关，而且直接关系到用户的使用需要。一个完善的指令系统应满足如下四个方面的要求。

(1)完备性。完备性是指用汇编语言编写各种程序时，指令系统直接提供的指令足够使用，而不必用软件来实现。完备性要求系统指令丰富、功能齐全、使用方便。一台计算机中最基本的指令不多，许多指令可用最基本的指令编程实现。例如，乘除运算指令、浮点运算指令可直接用硬件来实现，也可用基本指令编程实现。

（2）有效性。有效性是指利用指令系统编写的程序能够高效率地运行。高效率主要表现在程序占据的存储空间小、执行速度快。一般来说，一个功能更强、更完善的指令系统必定有更高的有效性。

（3）规整性。规整性包括指令系统的对称性、匀齐性以及指令格式和数据格式的一致性。对称性是指在指令系统中所有寄存器和存储器单元都被同等对待，所有指令都可使用各种寻址方式；匀齐性是指一种操作性质的指令可以支持各种数据类型，如算术运算指令可支持字节、字、双字整数的运算，以及十进制数运算和单、双精度浮点数运算等；指令格式和数据格式的一致性是指指令长度和数据长度有一定的关系，以方便处理和存取，如指令长度和数据长度通常是字节长度的整数倍。

（4）兼容性。兼容性是指系列机各机种之间具有相同的基本结构和共同的基本指令系统，因而指令系统是兼容的，即各机种上基本软件可以通用。但由于不同机种推出的时间不同，在结构和性能上有差异，做到所有软件都完全兼容是不可能的，只能做到"向上兼容"，即低档机上运行的软件可以在高档机上运行。

4.1.3　机器语言程序

计算机中机器指令及其使用规则的集合，就是计算机的机器语言。由机器语言编写的一系列按一定顺序排列的指令序列的集合，就是程序。计算机硬件在执行程序时，是按照程序中机器指令的顺序一条一条执行的。

机器指令构成的程序称为机器程序或者二进制代码程序，目前所有程序最终都要转换为二进制代码程序，计算机才能识别并执行。

4.2　汇 编 语 言

4.2.1　汇编语言介绍

20 世纪 50 年代，汇编语言诞生。其用助记符代替机器指令的操作码，用地址符号或标号代替地址。所有助记符和规则统称为汇编语言，用汇编语言编写的助记符代码集合就是汇编语言程序。汇编语言有如下特点。

（1）机器相关性。这是一种面向机器的低级语言，通常是为特定的计算机或系列计算机专门设计的。因为采用机器指令的符号化表示，故不同的机器有不同的汇编语言。使用汇编语言能较好地发挥机器的特性，得到质量较高的程序。

（2）高速度和高效率。汇编语言保持了机器语言的优点，具有直接和简洁的特点，可有效地访问、控制计算机的各种硬件设备，如磁盘、存储器、CPU、I/O 端口等，且占用的内存少，执行速度快，是高效的程序设计语言。

（3）编写和调试的复杂性。由于直接控制硬件，且简单的任务也需要很多汇编语言语句，因此在进行程序设计时必须面面俱到，考虑一切可能出现的问题，合理调配和使用各种软硬件资源，这样就不可避免地加重了程序员的负担。在调试程序时，一旦程序的运行出了问题，很难发现。

4.2.2 汇编程序

把二进制代码转换成助记符后，显然有利于记忆和理解。但是，计算机并不能直接识别和执行助记符，需要把用助记符编写的代码转换为二进制代码后，计算机才能识别和执行。负责这个转换工作的程序称为汇编器，转换处理过程称为汇编，完成汇编语言到机器语言转换的程序称为汇编程序。用汇编语言编写的程序不能简称为汇编程序，只能称为汇编语言程序，以区别于特定的汇编程序。所以这里说的汇编程序特指汇编器（汇编器和编译器的意思相同），而不是用汇编语言编写的程序。

我们知道，硬件不同的计算机其指令集不相同。一般来说，一条助记符对应一条机器指令，特定的汇编语言和特定的机器语言指令集基本上是一一对应的，由于计算机硬件的设计不同，汇编语言在不同计算机之间不能直接移植。因此，每一种计算机都会为其汇编语言与机器语言之间的转换提供自己的汇编器，从而实现用汇编语言编写的源代码与计算机机器代码一一对应。反过来，机器代码也可以转换成汇编语言源代码，实现这种逆转换的程序称为反汇编程序，这个逆转换处理过程称为反汇编，如图 4-1 所示。

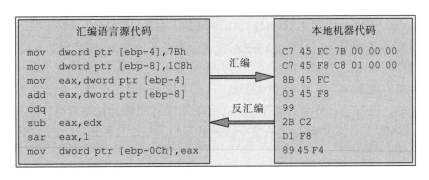

图 4-1　汇编语言源代码和本地机器代码一一对应

4.2.3 汇编语言编程

虽然汇编语言是一种非常难用的语言，一般仅专业技术人员使用，但用汇编语言设计的程序转换成机器指令后，能够保持机器语言的一致性，直接、简洁，能像机器指令一样访问、控制计算机的各种硬件设备（如磁盘、存储器、CPU、I/O 端口）等，而且目标代码简短，占用的内存少，执行速度快，能与高级语言配合使用，可以提高用高级语言编写的程序的执行效率，弥补高级语言在硬件控制方面的不足，是一种非常高效的程序设计语言。因此，时至今日，汇编语言仍然牢牢排在编程语言排行榜的前 10 名（截至 2022 年 12 月，在 TIOBE 计算机编程语言排行榜当中，汇编语言排第 8 名），说明汇编语言具有不可替代性，特别是在要求直接使用硬件接口、对时间和执行效率要求高的控制系统中，汇编语言是必不可少的编程语言。如今，汇编语言在工业电子编程、软件加密解密、计算机病毒分析等领域，仍然占据编程语言的主导地位。

下面以 X86 汇编语言为例，简单介绍汇编语言编程知识。

1. 汇编语句基本格式

汇编语句基本格式为"操作码 操作数"，其中操作数一般由两部分组成，即地址 1、地址 2，这个地址一般为寄存器或者数值。例如，

```
fool:
movl $0xFF001122, %eax
addl %ecx, %edx
xorl %esi, %esi
pushl %ebx
movl 4(%esp), %ebx
leal (%eax, %ecx, 2), %esi
cmpl %eax, %ebx
jnae fool
retl
```

上例中的 EAX、EBX、ECX、EDX 通常认为是通用寄存器，可以随便使用。通用寄存器既有 EAX、EBX，还有 AX、AH、AL，这是因为最早的 Intel 8086 CPU 中，寄存器 AX、BX、CX、DX 等是 16 位的，16 位（AX）又分为高 8 位字节（AH）和低 8 位字节（AL），后来 Intel 推出 32 位的 CPU，寄存器也就扩展到 32 位，于是 EAX 出现了。现在 CPU 是 64 位，为了兼容就继续扩展到 64 位寄存器。X86-64 CPU 的寄存器是 RAX、RBX、RCX、RDX……此外，还有两个特别的寄存器 ESI 和 EDI，SI 是源地址寄存器，DI 是目标地址寄存器，主要用于复制数据时指定从某个源地址复制到某个目的地址。寄存器的组成如图 4-2 所示。

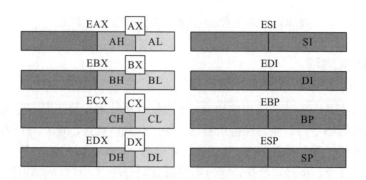

图 4-2　通用寄存器结构

2. 汇编指令分类

汇编指令主要分为三类：数据传输类、算术和逻辑运算类、控制类。

（1）数据传输类用于把数据从一个位置复制到另外一个位置，如从内存复制到寄存器、从寄存器复制到内存或者从寄存器复制到寄存器。例如，

```
mov ax, 3210H      ; 将 0x3210 放入寄存器 ax
mov ax, bx         ; 将 bx 寄存器的值放入 ax
mov ax, [3640]     ; 将一个内存单元的值送入 ax
mov [502c], bx     ; 将 bx 寄存器的值送入内存单元
```

（2）算术和逻辑运算类用于加减乘除运算，以及 and、or、左移、右移等逻辑运算。例如，

```
add ax  bx           ; 把 ax 和 bx 的值相加，结果放入 ax 寄存器
add ax, [37a0]       ; 把 ax 和内存的值相加，结果放到 ax 寄存器
inc bx               ; 把 bx 的值加 1
shl bx  1            ; 把 bx 的值左移一位
and al, 11110110b    ; and 操作，相当于清除位 0 和位 3，其他位不变
```

（3）控制类指令用于执行跳转等操作。例如，

```
cmp ax bx      ; 比较 ax 和 bx 的值，如果相等，把 ZF 标记为 1
je  .L1        ; 如果 ZF 为 1，则跳转到.L1 处
    ⋮
L1  sub ax 10
```

3. 栈寄存器应用

还有两个重要的寄存器 EBP 和 ESP，专门用于函数调用。函数的调用只使用寄存器是不够的，需要内存的配合，在内存中建立栈。在栈中，每个元素代表一个运行中的函数，如有三个函数 main()、add() 和 square()，main() 调用 add()，add() 调用 square()，那么在运行时，函数栈如图 4-3 所示。

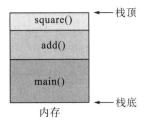

图 4-3　栈寄存器

在栈中每个元素占据的空间不一样。每个函数可能有自己的局部变量和各种参数，每个元素称为"栈帧"，用寄存器 EBP 和 ESP 来分别指向当前栈帧的开始处和结束处，如图 4-4 所示。

图 4-4　栈帧

由于只有两个寄存器，而函数调用可能有很多层，栈帧有很多个，寄存器不够用，因此当 main() 调用 add() 时，需要把 main() 栈帧的开始地址（就是当前 EBP 的值）保存到 add() 函数的栈帧中，这样从 add() 返回，就能恢复 main() 的 EBP，如图 4-5 所示。

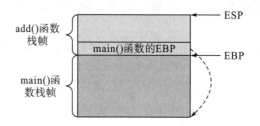

图 4-5　栈帧寄存器应用

每个栈帧的开始地址相当于一个"门牌号"，写在 EBP 寄存器中，但是 EBP 只有一个，所以需要把上个"门牌号"暂时保存到下一个函数栈帧中。当 add() 调用 square() 时，需要把 add() 的 EBP 保存到 square() 的栈帧中，以便返回时恢复。

如果当前函数执行完毕，栈帧也就不需要了，在废弃之前，把内存中保存的值恢复到 EBP 当中，并且移动 ESP 到上个栈帧的顶部就可以了，如图 4-6 所示。

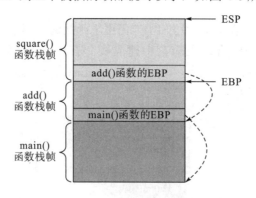

图 4-6　多栈帧寄存器应用

总的来说，汇编是面向机器的语言，处于整个计算机语言层次结构的底层，是为特定的系列计算机专门设计的。其缺点如下：首先，不同处理器的汇编语言有不同的语法和编译器，编译的程序无法在不同的处理器上执行，缺乏可移植性；其次，汇编语言代码对应特定计算机的指令集，难以通过汇编语言代码理解程序设计意图，即使完成简单的工作也需要大量的汇编语言代码，且程序很容易产生错误，难以调试，可维护性差；最后，目前存在多至十万种机器语言的指令，使用汇编语言必须对处理器的指令集非常了解，开发效率很低，且开发周期长。

<h1 style="text-align:center">4.3　高　级　语　言</h1>

4.3.1　高级语言基本概念

计算机编程语言是程序设计最重要的工具，是计算机能够接受和处理的具有一定语法规则的语言。计算机编程语言是用于人与计算机之间的通信的语言，是人与计算机之间传递信息的媒介，因为它是用来进行程序设计的，所以又称为程序设计语言或者编程语言。从计算机诞生开始，计算机语言经历了机器语言、汇编语言和高级语言几个阶段。在所有程序设计语言中，只有用机器语言编写的源程序能够被计算机直接理解和执行，用其他程序设计语言编写的程序都必须利用语言处理程序"翻译"成计算机所能识别的机器语言程序。

不论是机器语言还是汇编语言，都是面向硬件具体操作的，语言对机器过分依赖，且要求使用者必须对硬件结构及其工作原理都十分熟悉，这对非计算机专业人员要求极高，对计算机的推广应用不利。于是，研究者开始开发一些与人类自然语言相近且能为计算机所接受的计算机语言。而与人类自然语言相近并为计算机所接受和执行的计算机语言称为高级语言。高级语言是一种面向用户的语言，无论何种类型的计算机，只要配备高级语言相应的编译或解释程序，则用高级语言编写的程序就可以在计算机上运行使用。

4.3.2　高级语言分类

据不完全统计，目前约有 3000 种计算机语言，在用的计算机语言有 100 余种。
下面从不同角度介绍高级语言的分类。

1. 应用领域

按照应用领域，计算机语言分为科学计算语言、商业应用语言和算法描述语言三大类（图 4-7）。

图 4-7　计算机三大应用领域

科学计算领域的计算机语言，最具代表性的是 FORTRAN 语言，其极大地满足了科学计算的需求，被公认为计算机通用编程语言。FORTRAN 在 1956 年 10 月 15 日发布，由约翰·巴克斯和 IBM 的开发人员共同开发。FORTRAN 提供了定点数和浮点数，适合用于数值运算，但是不擅长处理文本，明显不适合商业用途。

1960 年 4 月 COBOL 发布，这是一种面向商业用途的语言，COBOL 放弃了算术符号，转而使用英语。COBOL 还为商业数据处理做了特殊设计，特别适合操作大批量的数据，以及具有循环处理周期的数据(如打印工资支票等)。COBOL 在银行、金融、保险、会计等行业占据重要地位。时至今日，仍有 43%的银行使用 COBOL 系统，90%的 ATM 交易靠 COBOL 代码运行。

为了描述算法，计算机科学家开发出 ALGOL 语言。ALGOL 首次提出块结构(begin…end)、词法作用域、嵌套函数等概念，以及 IF、THEN、ELSE、WHILE 等语法，为结构化编程奠定了基础。此外，ALGOL 第一次引入描述语言语法的 BNF 形式，成为很多编译器的基础。

2. 用途和特点

高级语言按照语言用途和特点可分为标记语言、脚本语言、编程语言三大类。

1) 标记语言

标记语言是一种将文本以及与文本相关的其他信息结合起来，展现文档结构和数据处理细节的计算机文字编码。常用的标记语言如下。

(1) GenCode：第一个用于计算机文本处理的标记语言。

(2) Troff 和 Norff：Troff 是一种排版工具，最初被用来为 UNIX 操作系统的手册及其他文档生成排版，是著名的排版软件之一。Norff 是基于 Troff 的一种宏集，用来撰写手册、文档、报告等文本。

(3) TeX：功能强大的排版软件。它在学术界十分流行，特别是数学、物理学和计算机科学界。TeX 被普遍认为是一个很好的排版工具，在处理复杂的数学公式时特别有用。

(4) HTML：为给 Internet 上共享的文章做标记。

(5) XML：具备 SGML 的核心特性，非常简洁，作为 SGML 的子集，继承了 SGML 的扩展性、结构化和有效性。

(6) JSON：一种轻量级的数据交换格式的标记语言，采用完全独立于编程语言的文本格式来存储和表示数据，易于阅读和编写，同时也易于机器解析和生成，能有效地提升网络传输效率。

2) 脚本语言

脚本语言又称为扩建的语言或者动态语言，是一种编程语言，用来控制软件应用程序。脚本通常以文本(如 ASCII)形式保存，只在被调用时进行解释或编译。常见的脚本语言有 JavaScript、VBScript、Perl、PHP、Ruby、ASP、CGI、JSP 等。脚本语法比较简单，容易掌握；与应用程序密切相关；一般不具备通用性，能处理的问题范围有限。软件开发中前端使用脚本语言较多。

3）编程语言

计算机编程语言是用于人与计算机之间通信的语言，是人与计算机之间传递信息的媒介，因为它是用来进行程序设计的，所以又称为程序设计语言或者编程语言。计算机编程语言非常多，目前绝大部分计算机语言都是编程语言，而以 C 语言为原型语言发展起来的系列语言（如 C++、Java、Python、C#等）占据编程语言的主导地位。

4）三种语言的区别

（1）相对于其他两类语言，编程语言有很强的逻辑和行为能力。

（2）标记语言不用于向计算机发出指令，常用于格式化和链接。

（3）脚本语言介于标记语言和编程语言之间，不需要编译，可以直接使用，由解释器负责解释。

（4）脚本语言的运行速度相对较快，且脚本文件明显小于程序文件。

（5）脚本语言语法简单，一般以文本形式存在，类似于一种命令。

（6）脚本一般不具备通用性，所能处理的问题范围有限。

（7）脚本语言是解释型语言，特点是较容易上手，但编程功能上相对简单一些。

（8）编程语言（如 C、C#等）功能较强大，可以用来开发规模较大的系统软件，或者用于系统底层的开发。

3. 运行机制

计算机语言按照运行机制，分为解释型、编译型以及半编译半解释型语言。计算机并不能直接地接受和执行用高级语言编写的源程序，源程序在输入计算机时，需要通过“翻译程序”翻译成机器语言形式的目标程序后，计算机才能识别和执行。这种“翻译”通常有两种方式，即编译方式和解释方式。

（1）编译方式：事先编写一个称为编译程序的机器语言程序，作为系统软件存放在计算机内，当用户将用高级语言编写的源程序输入计算机后，编译程序便把整个源程序翻译成用机器语言表示的目标程序，然后计算机再执行该目标程序，以完成源程序要处理的运算并取得结果。以前编译程序是独立的一个程序，如美国宝蓝公司开发的 Turbo 系列软件（如 Turbo C、Turbo Pascal、Turbo Prolo 等）的编译器，都是非常好的独立编译软件。到 20 世纪末，随着软件生产能力的提高，集文本编辑、编译、调试、运行于一体的集成开发环境（integrated development environment，IDE）得到应用，其彻底改变了计算机程序的开发方式，目前主流的 IDE 有微软的 Visual Studio 系列，捷克 JetBrains 软件开发公司开发的用于 Java 编程语言的 IntelliJ IDEA，以及用于 Python 编程语言的 PyCharm 等。

（2）解释方式：源程序进入计算机时，解释程序边扫描、边解释，计算机一句一句执行，并不产生目标程序。例如，C、C++、C#以及 Pascal、FORTRAN、COBOL 等高级语言都是通过编译方式执行的；Python、BASIC 等语言则以执行解释方式为主。

　　Java 是一种半编译半解释型语言。半编译是因为所有 Java 代码都需要经过 javac 编译为.class 文件，半解释是因为 Java 代码编译后.class 文件还不能直接运行在操作系统上，需要经过 JVM 解释为二进制代码后才能在本地操作系统上运行，也正因为这样，Java 语言才能够跨平台使用，半编译半解释是目前计算机语言发展的重要方向。

4.3.3　主流语言简介

　　TIOBE 排行榜是根据互联网上有经验的程序员、课程和第三方厂商的数量，并使用搜索引擎(如谷歌、必应、雅虎)以及维基百科、亚马逊、YouTube 和百度统计出的排名数据，反映某个编程语言的热门程度(表 4-1)。

表 4-1　TIOBE 排行榜

2022 年 12 月	2021 年 12 月	变化	编程语言	占比%	变化百分点%
1	1		Python	16.66	3.76
2	2		C	16.56	4.77
3	4	↑	C++	11.94	4.21
4	3	↓	Java	11.82	1.70
5	5		C#	4.92	−1.48
6	6		Visual Basic	3.94	−1.46
7	7		JavaScript	3.19	0.90
8	9	↑	SQL	2.22	0.43
9	8	↓	汇编	1.87	−0.38
10	12	↑	PHP	1.62	0.12
11	11		R	1.25	−0.34
12	19	↑	Go	1.15	0.20
13	13		Classic Visual Basic	1.15	−0.13
14	20	↑	MATLAB	0.95	0.03
15	10	↓	Swift	0.91	−0.86
16	16		Delphi/Object Pascal	0.85	−0.30
17	15	↓	Ruby	0.81	−0.35
18	18		Perl	0.78	−0.18
19	29	↑	Objective-C	0.71	0.29
20	27	↑	Rust	0.68	0.23

1. Python

Python 由荷兰数学和计算机科学研究学会的吉多·范罗苏姆于 20 世纪 90 年代初设计。Python 语言是一种简单、易使用的程序设计语言。很多人喜欢 Python 语言，不仅仅是因为 Python 语言上手容易，更是因为该语言能在人工智能、数据分析、爬虫、自动化测试、游戏、前端、后端等领域中广泛应用。

2. C 语言

C 语言诞生于美国的贝尔实验室，是伟大的计算机科学家、图灵奖获得者丹尼斯·里奇为了研发 UNIX 操作系统专门设计的一种语言。C 语言也是一门功能强大、表达力强、使用灵活、应用广泛、运行高效、移植性好的计算机高级编程语言。

C 语言本身抽象层次非常低，语法很简单，很适合用于系统软件和应用软件开发，至今大部分操作系统、著名的编程软件(如 Python、Java)都是用 C 语言编写的。因此，计算机语言领域有"C 生万物"一说。

3. C++

C++程序设计语言由丹麦计算机科学家本贾尼·斯特劳斯特卢普开发。C++支持多种编程风格，如过程编程、数据抽象、面向对象编程、泛型编程等，是许多常见桌面应用程序编程的主要选择。

4. Java

詹姆斯·高斯林出生于加拿大，是一位计算机编程天才，也是 Java 编程语言的创始人。Java 具有简单、面向对象、分布式、安全、平台独立与可移植、多线程、动态等特点，可以用于编写桌面应用程序、Web 应用程序、分布式系统和嵌入式系统应用程序等。

目前，由 Java 语言支撑的 Spring Boot 系统架构，成为当今应用软件开发的事实标准，Java 是专业人员开发大型应用软件系统，特别是后端应用平台的首选语言。

5. C#

C#是微软在 2000 年 6 月发布的一种面向对象的编程语言，它使程序员能够基于 Microsoft.NET 平台快速编写各种应用程序。

从整体上看，C#语法比 Java 更优雅，且有更先进的语法体系。C#的 IDE 功能非常强大，C#的文档有包含中文在内的多国语言，C#所需要的运行平台在用户量极大的 Windows 上内置。

6. Visual Basic

Visual Basic(简称VB)是微软公司开发的一种基于对象的程序设计语言，也是结构化、模块化、面向对象、包含事件驱动机制的可视化程序设计语言。

7. JavaScript

JavaScript 在 1995 年由网景公司的布兰登·艾奇在网景导航者浏览器上首次设计实现。因为网景公司管理层希望它的外观看起来像 Java，因此取名为 JavaScript。它是一种强大的动态脚本语言，尤其擅长开发网页和网络游戏。

8. SQL

SQL 是一种特殊的编程语言，用于存取数据以及查询、更新和管理关系数据库系统。

9. 汇编语言

汇编语言是一种用于电子计算机、微处理器、微控制器或其他可编程器件的低级语言，也称为符号语言。

10. PHP

PHP 是一种拥有众多开发者的程序程计语言，在 1994 年由拉斯马斯·勒德尔夫创建，在 web 开发方面比较有优势。

11. R

R 语言可以被看作贝尔实验室开发的 S 语言的一种实现。R 语言是开源的，主要用于统计分析、数据挖掘，在数据科学中非常流行。

12. Go

罗伯特·格瑞史莫、罗布·派克及肯·汤普逊于 2007 年 9 月开始设计 Go，稍后伊恩·兰斯·泰勒、拉斯·考克斯加入开发。Go 是基于 Inferno 操作系统开发的，于 2009 年 11 月正式推出。其初衷是构建简单、快速和可靠的应用程序。

Go 的目标是成为 21 世纪的 C 语言，它是面向对象的语言，语法接近 C 语言，但对变量的声明有所不同。Go 支持垃圾回收功能，取消了继承，使得对象的纵向关系弱化，只能使用对象的横向聚合与组合关系，从语法机制上降低错误使用的概率。

13. Classic Visual Basic

Classic Visual Basic 是一种多线程编程语言，使用了非常多的模块，同时还提供了更加丰富的库，使用其构建的程序运行速度更快。

14. MATLAB

MATLAB 是美国 MathWorks 公司出品的商业数学软件，用于数据分析、无线通信、深度学习、图像处理与计算机视觉、信号处理、量化金融与风险管理、机器人、控制系统等领域。

15. Swift

Swift 是苹果公司于 2014 年在苹果全球开发者大会上发布的新型开发语言，可与 Objective-C 共同运行于 macOS 和 iOS 平台，用于搭建基于苹果平台的应用程序。Swift 也是一款易学易用的编程语言，而且它还是第一套具有与脚本语言同样的表现力和趣味性的系统编程语言。

16. Delphi

Delphi 是 Windows 平台上著名的快速应用程序开发工具。它的前身即是 DOS 时代盛行一时的 Turbo Pascal，最早的版本由美国宝蓝公司于 1995 年开发。Delphi 拥有一个集成开发环境（IDE），使用的是由传统 Pascal 语言发展而来的 Object Pascal，以图形用户界面为开发环境，通过 IDE、VCL 工具与编译器，配合连接数据库的功能，构成一个以面向对象的程序设计为中心的应用程序开发工具。

17. Ruby

Ruby 在 20 世纪 90 年代由日本的松本行弘开发，遵守 GPL 协议和 Ruby License。它的灵感与特性来自 Perl、Smalltalk、Eiffel、Ada 以及 Lisp 语言。由 Ruby 语言还发展出了 JRuby（Java 平台）、IronRuby（.NET 平台）等其他平台的 Ruby 语言替代品。

18. Perl

Perl 是一种通用的、直译式的编程语言，通常用于文本处理和系统管理任务。它具有强大的正则表达式支持和灵活的文本处理能力，因此常被用于处理文本文件、日志文件和 XML 等数据。Perl 还有很多模块和库，用于各种不同的任务，例如网络编程、数据库访问、图形界面和 Web 开发等。Perl 的语法相对灵活，允许开发者以多种方式表达相同的逻辑，这使得 Perl 代码通常具有较高的可读性。Perl 也是一种解释性语言，不需要编译，可以在多个平台上运行。

19. Objective-C

20 世纪 80 年代初 Stepstone 公司的布莱德·考克斯发明了 Objective-C。Objective-C，通常写作 ObjC 或 OC，是扩充 C 的面向对象的编程语言。

20. Rust

Rust 是一种系统编程语言，由 Mozilla 创建，于 2010 年发布。它可以防止内存冲突并确保线程安全，在语法上与 C++相似，就速度而言，可以与 C 或 C++相媲美。这意味着用 Rust 编写的应用程序可以与用 C 或 C++编写的应用程序一样快，并且比用其他动态语言编写的应用程序更快。对于性能至关重要的项目，通常选择 Rust 编程语言。该语言可用于 CLI 工具和网络服务。

Rust 不仅是最流行的编程语言之一，也是最受欢迎的编程语言之一。根据最新的调查，

73%的开发人员表示，他们希望在未来继续使用 Rust。

年度编程语言是指该门语言在当年的排名中上升幅度最大。2003～2022 年 TIOBE 年度编程语言见表 4-2。从表 4-2 中可以看出，Python 是近十年发展最快的编程语言。

表 4-2　2003～2022 年年度编程语言

年度	2022	2021	2020	2019	2018
语言	C++	Python	Python	C	Go
年度	2017	2016	2015	2014	2013
语言	C	Go	Java	JavaScript	Transact-SQL
年度	2012	2011	2010	2009	2008
语言	Objective-C	Objective-C	Python	Go	C
年度	2007	2006	2005	2004	2003
语言	Python	Ruby	Java	PHP	C++

4.3.4　最新语言介绍

编程语言的发展不会停滞不前。虽然很久以前创建的 Python、C、Java 等语言很有影响力，但新的有价值的编程语言却时时刻刻都在出现。新的编程语言推动了创新，帮助开发人员构建了优秀的软件。最新的语言如下。

1. Dart

Dart 是一种面向对象的开源编程语言，由谷歌在 2011 年创建。Dart 被认为是 JavaScript 的另一种选择，有助于解决 Web 语言长期存在一些问题。Dart 主要针对移动设备和网络，最好与谷歌创建的跨平台框架 Flutter 结合使用。Dart 和 Flutter 在开发者社区正变得越来越受欢迎。

2. Kotlin

Kotlin 是一种跨平台的静态类型的编程语言，由 JetBrains 开发并于 2011 年发布。该语言最初是为 Java 虚拟机(java virtual machine，JVM)开发的。这意味着用 Kotlin 编写的程序会被翻译成 Java 字节码，JVM 可以读取该字节码。由于代码可以转换为 JavaScript，所以 Kotlin 也适用于 Web。

自 2016 年以来，首个稳定版本的 Kotlin 已经面世，2017 年春，谷歌宣布 Kotlin 是 Android 应用程序开发的主要语言。从那时起，许多开发人员开始使用 Kotlin 而不是 Java。Kotlin 相比 Java 有许多优点，它更安全、更简洁，加速了任务开发，并有助于减少代码出错。

3. TypeScript

TypeScript 是科技巨头微软开发的一种开源编程语言，于 2012 年首次发布。TypeScript 是 JavaScript 编程语言的超集，这意味着类型记录被编译为 JavaScript 后，可以在任何启用 JavaScript 的浏览器和任何 Web 服务器上运行。

这种编程语言的诱人之处在于，类型记录有助于避免开发人员在用 JavaScript 编程时出错。它还包括各种有用的工具，这可以提高开发人员的工作效率，并使编程更容易。包括埃维诺和埃森哲在内的许多大公司都使用 TypeScript 来实现它们的项目，而谷歌则选择这种语言来创建其著名的 Angular 2+框架。

4. Hack

Hack 允许开发人员同时使用动态和静态类型，它是一种与其前身 PHP 完全兼容的编程语言。这意味着所有现有的 PHP 项目都可以很容易地转换为 Hack 项目，然后用新语言实现新特性，或者重写旧的特性。

需要指出的是，Hack 不支持 PHP 的一些"废弃"特性，而它包含了许多 PHP 不具备的特性。根据 Hack 的一位创建者布莱恩·奥沙利文的说法，通过 Hack，你可以获得"安全和速度"。

尽管在当今的顶级编程语言中找不到 Hack 的身影，但根据脸书(Facebook)的声明，该公司计划增加对 Hack/HHVM 开放源码的投资，以支持现有用户，并围绕项目建立一个大型社区。

5. 凹语言

凹语言非常值得一提，它是难得看到的国产编程语言。凹语言是针对 WASM 平台设计的通用编程语言，作为 WASM 原生的编程语言，它天然对浏览器环境亲和，同时支持 Linux、macOS 和 Windows 等主流操作系统。此外，通过 LLVM 后端对本地应用和单片机等环境提供支持。

凹语言的整体设计是围绕"对开发人员友好"来进行的，字符串/切片作为基本类型、无需(也不能)手动管理内存、视觉上更显著的变量类型定义等均是这一核心思想的具体体现。2022 年 7 月，凹语言正式开源，并公布了半年度的线路图。

6. 华为仓颉

2021 年 10 月 22 日，在华为开发者大会上，HarmonyOS 3 开发者预览版正式发布。同时，华为表示将发布自行研发的鸿蒙编程语言"华为仓颉"。

4.4　程序设计介绍

4.4.1　程序设计简介

广义的程序设计是指给出解决特定问题的程序的过程。本书阐述的程序设计特指计算机程序设计，即使用计算机编程语言，编写用于完成某种特定功能的代码序列的过程，常常也称为编程。通俗来讲，编程就是为了使计算机能够理解人的意图，人将需要解决的问题的思路、方法和手段通过计算机能够理解的方式告诉计算机，使得计算机能够根据人的指令一步一步地工作，完成某种特定的任务。

计算机程序设计主要包括分析问题、设计算法、编写程序、运行程序、编写文档几个环节。分析问题是指对要解决的问题进行认真的分析，研究所给定的条件，分析最后应达到的目标，找出解决问题的规律，选择解决问题的方法；设计算法是指设计解决问题的方法和具体步骤；编写程序是指将算法翻译成计算机程序设计语言，对源程序进行编辑、编译和链接；运行程序是指运行可执行程序，得到运行结果，对结果进行分析，看它是否合理，不合理就对程序进行调试，直到结果正确；编写文档是指编制程序设计的技术说明书和用户使用说明书等。

源程序是指未经编译的按照一定的程序设计语言规范书写的文本文件，通常用高级语言编写，编译后得到的是目标程序，链接后供计算机运行的是可执行程序。

目标程序又称为"目的程序"，为源程序经编译后可直接被计算机运行的机器码集合，在计算机上文件以.obj 作为扩展名。目标代码尽管已经是机器指令，但是还不能运行，因为目标程序没有解决函数调用问题，需要将各个目标程序与库函数连接，才能形成完整的可执行程序。可执行程序是一种可在操作系统存储空间中浮动定位的二进制程序。Windows 操作系统中的二进制可执行文件分两种，一种后缀名为.com，另一种为.exe。目前，还有 .bin、.app 等形式的可执行程序。

4.4.2　程序基本结构

1996 年，计算机科学家博姆(Bohm)和亚科皮尼(Jacopini)证明了任何简单或复杂的算法都可以由顺序结构、选择结构和循环结构三种基本结构组合而成。

1. 顺序结构

顺序结构意味着程序中的各个操作都是按照它们在原程序中的排列顺序依次执行的。如图 4-8 所示，该顺序结构下将先执行程序块 A，再执行程序块 B，然后执行程序块 C。

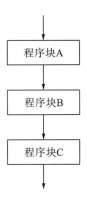

图 4-8　顺序结构

例如，用 C 语言编写计算半径为 2 的圆面积的程序。

```
/*
 计算圆的面积
*/
#include <stdio.h>
#define PI 3.14    //定义圆周率

int main(){
    float r, b, are;
    r=2;
    are = PI*r*r;     //计算面积
    printf("圆的面积 = %f\n", are);
    return 0;
}
```

2. 选择结构

选择结构是指根据某个特定条件进行判断后，选择其中一支执行。如图 4-9 所示，条件判断若为真，则执行程序块 A；若为假，则执行程序块 B。选择可以分为单项选择、双项选择和多项选择。

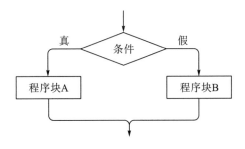

图 4-9　选择(分支)结构

例如，用 C 语言编写室内空调自动控制程序。

```
/*
 夏天空调开关控制：当温度高于 32℃时，开空调
*/
#include <stdio.h>

int main(){
    int temperature;        //室温
    int flag = 0;           //空调开关状态：flag = 0，关状态；flag=1，开状态
    if(temperature > 32)
        flag =1;
    else
        flag =0;
    return 0;
}
```

3. 循环结构

循环结构指的是反复执行某个或某些操作，直到条件为假或为真时才停止循环。如图 4-10 所示，条件为真时执行程序块，条件为假时跳出循环，继续向后执行。循环又分为当型循环和直到型循环，当型循环先判断条件，条件为真时执行循环体，条件为假时跳出循环；直到型循环先执行循环体，再判断条件，条件为假时结束循环。当型循环有可能一次都不执行，直到型循环至少执行一次。

例如，求整数 1~100 的和。

```
/*
 求整数 1~100 的和
*/
#include <stdio.h>

int main(){
    int sum = 0;        //和
    for(int i=1;  i<=100;  i++){
//循环计算 i=1~100 的和
        sum = sum + i;
    }
    printf("1~100 的"和=%4d", sum);
    return 0;
}
```

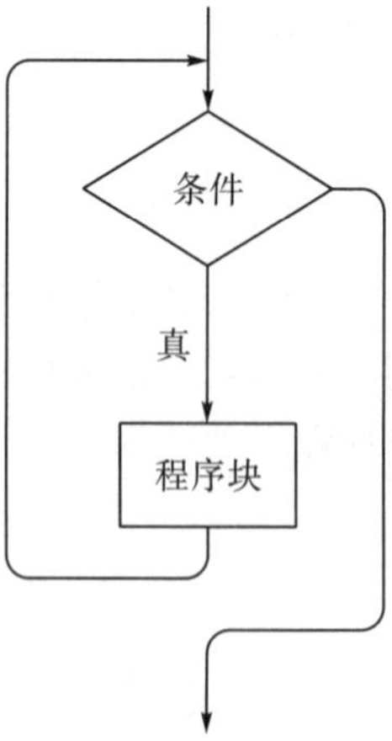

图 4-10　循环结构

4.4.3　程序设计思想

用计算机来解决人们实际问题的思维方式就是程序设计思想，常常称为编程思想。软

件专业人才，不只要学会计算机编程语言，更重要的是要掌握编程的思想。目前，有三种不同的编程思想，即过程性的编程思想、结构性的编程思想和面向对象的编程思想。

1. 过程性的编程思想

过程性语言在编程时给出获得结果的操作步骤，即"干什么"和"怎么干"，汇编语言就是一种过程性的编程语言。目前冯·诺依曼体系的计算机的 CPU 只能执行过程性的程序，任何高级语言都必须转换成过程性的编程语言后再交给 CPU 执行。汇编语言里的三个操作——比较、跳转和过程调用就反映了典型的过程性编程思想。

2. 结构性的编程思想

随着人们要解决的问题越来越复杂，编程思想发生了一场革命性的变化，结构性的编程思想出现了。基于结构性编程思想的编程语言，典型代表是 C 语言。结构性的编程思想主要涉及两个方面：①只采用编程的三个基本结构；②采用结构化的方法。结构化的方法主要体现在以下三点。

(1) 采用自顶向下的方法。设计程序时，先考虑整体，后考虑细节；先考虑全局目标，后考虑局部目标。不要一开始就过多追求众多的细节，先从最上层的总目标开始设计，逐步使问题具体化。

(2) 逐步细化。对于复杂问题，应设计一些子目标作为过渡，逐步细化。

(3) 采用模块化结构。一个复杂问题由若干稍简单的问题构成，模块化就是把程序要解决的总目标分解为子目标，再进一步分解为具体的小目标，把每一个小目标作为一个模块。

3. 面向对象的编程思想

现在用得最多的编程思想是面向对象的编程思想，因为面向对象的编程思想和人解决问题的思维方式最接近。面向对象的编程思想就是尽可能模拟人的思维方式，使得编程方法与过程尽可能接近人认识世界、解决现实问题的方法和过程，把客观世界中的实体抽象为问题域中的对象。面向对象编程思想的核心是封装、继承和多态。

(1) 封装。封装是指将一个计算机系统中的数据以及与这个数据相关的一切操作(即描述每一个对象的属性及其行为的程序代码)组装到一起，一并封装在一个有机的实体中，也就是一个类中。在面向对象技术的相关原理以及程序语言中，封装最基本的单位是对象，而"高内聚、低耦合"是面向对象技术的封装性所需要实现的最基本的目标。对于用户来说，对象是如何对各种行为进行操作、运行、实现的不需要了解清楚，只需要通过封装外的通道对计算机进行相关的操作即可。这大大地简化了操作的步骤，使用户使用起计算机来更加高效，更加得心应手。

(2) 继承。继承，顾名思义，即后者延续前者某些方面的特点，而在面向对象技术中则是指一个对象针对另一个对象某些独有的特点、能力进行复制或者延续。如果按照继承源进行划分，则继承可以分为单继承(一个对象仅仅从另外一个对象中继承其相应的特点)

与多继承(一个对象同时从另外两个或者两个以上的对象中继承所需要的能力与特点,并且不会发生冲突等现象);如果从继承包含的内容进行划分,则继承可以分为四类,分别为取代继承、包含继承、受限继承、特化继承。

(3)多态。从宏观的角度来讲,多态是指在面向对象技术中,当不同的多个对象同时接收完全相同的消息之后,表现出来的动作各不相同,具有多种形态;从微观的角度来讲,多态是指在一组对象的一个类中,面向对象技术可以使用相同的调用方式来对相同的函数名进行调用,即便这若干个相同的函数名所表示的函数不同。

4.5　程序设计的发展

程序设计经过 70 多年的发展,已经从单一的语言编程发展到工程化、协同编程等范畴。

4.5.1　编程语言发展

编程语言层出不穷,经过 70 多年的发展,编程语言在以下几个方面变化明显:

1. 语言工业标准化

计算机语言工业标准化指的是对某款计算机语言进行标准化,使其能够在不同的计算机硬件和软件平台上得到广泛的支持和应用。计算机语言的标准化通常由国际或者国家标准化组织进行制定和管理,其目的是保证计算机语言的互操作性和可移植性,使得同一款程序在不同的计算机上能够被正确地运行。

万维网联盟(World Wide Web Consortium,W3C)是一个开放的国际标准组织,致力于制定和推广 Web 技术标准,使 Web 能更加完善、互通和普及。W3C 的使命是开发 Web 技术的共同协议、支持 Web 的全球平衡发展、推广 Web 的普及和发展、确保 Web 的长远利益。W3C 的标准涵盖了 Web 核心技术、Web 应用技术和 Web 设备技术等多个方面,目前已经发布了许多重要标准,如 HTML、CSS、XML、HTTP 和 Web 服务等。

W3C 吸引了全球各大公司和组织的加入,包括微软、IBM、谷歌、苹果、脸书、阿里巴巴等。由于 W3C 的标准得到了广泛的认可和应用,因此 W3C 对于 Web 技术的发展和推广起到了至关重要的作用。

常见的计算机语言工业标准化包括 C、C++、Java 等,都有各自的工业标准准则,来维护各自工业标准。

2. 第三方模块的补充

计算机语言的第三方模块是指由开发者编写或收集的独立模块,用于增强某款编程语言的功能,提供额外的特定功能,并且可以直接被其他程序调用和使用。第三方模块可以快捷地完成一些常见的编程任务，帮助程序员省去重复编写某些代码的精力，提高编写代码的效率。

Java 语言常见的第三方模块有：开发中常用的工具库 Apache Commons，提供 GT、IO、数学计算等功能；Web 框架 Spring，用于构建 Web 应用程序；ORM 框架 Hibernate，用于访问数据库；谷歌发布的常用工具库 Google Guava，提供同步、缓存、集合、字符串等功能。

Python 语言常见的第三方模块有：科学计算库 NumPy，提供高效的数组操作和数学计算；数据分析库 pandas，提供多种数据结构和数据处理函数；机器学习库 scikit-learn，提供常见的机器学习算法实现；深度学习框架 TensorFlow，提供搭建神经网络和进行深度学习的相关函数和工具；Web 框架 Django，用于构建 Web 应用程序等。

C++语言常见的第三方模块有：Boost 模块，提供多种模板库，包括智能指针、日期时间等；C++标准库 STL，提供了多种数据结构和算法；计算机视觉库 OpenCV，用于处理图像和视频；跨平台桌面应用程序开发框架 Qt，提供了 UI、网络、数据库等功能。

3. 框架使用

软件开发程序员更愿意先选一个合适的框架，再开始编程，而不是所有功能自己从头开始写了，因此 JavaScript 有 Vue、React、Backbone、AngularJs 等框架，CSS 有 Bootstrap、Fundation 等框架，PHP 有 Laravel、CakePHP 等框架，C#有 MVC 框架，Java 有 Spring+Hibernate+struts 框架。

4. 测试代码

2000 年前，单元测试在开发过程中，重要性不是很大，可有可无，程序完成，功能能用就行。如今的代码，没有单元测试部分，这个工程就不能算完结。甚至是，测试驱动开发已经成为主流，先写测试代码，然后开发。测试代码成为程序设计不可或缺的重要组成部分。

5. 跨设备跨平台

Java 提出的跨平台，一次编译到处运行的梦想，越来越成为软件开发重要的思想。跨设备，主要是指桌面操作(如台式机)和移动终端(如手机)之间的转换；跨平台出自 Java 的一个概念，本意是说一次编译到处运行，如今是指只要这个平台支持这个语言或标准，就能用。跨平台编程，是指如果你这个平台没有这个特性，那么关闭这个特性的功能，其他功能还可以继续使用。

6. 语言之间相互借鉴

语言之间的相互借鉴成为计算机语言的重要思想。比如 PHP 5.0 支持类，PHP 5.4 支持 Trait，PHP 5.5 支持生成器；JavaScript ES6 支持箭头匿名函数、生成器、类概念等；C# 和 Java 相互借鉴；Coffee Script 借鉴 Python 和 Ruby。

相互借鉴的本质其实是随着语言的发展，一些语言概念逐渐成了标配，如果没有，就算是一个不完整的语言了。如说类、匿名函数、常用数据结构等都成了标配。

4.5.2　编程的工程化发展

1. 工具化

目前编程工具化非常突出，凡是能用工具完成的事情，应尽量使用工具完成。以下几个方面都可以找到相应工具，它们可以帮助开发者管理代码质量：①代码风格检查；②工业标准检查；③代码整理；④代码复杂度检查；⑤单元测试覆盖率检查；⑥依赖管理；⑦代码压缩；⑧重复代码检查；⑨无用代码检查。

2. 工程化

编程工程化也是近年来较突出的一个发展趋势，它以工具化为基础。工程的核心是流程自动化，又称为构建，包括代码质量检测、代码压缩、代码合并、代码优化、代码编译、单元测试等部分。构建就是把这些部分以工作流程的形式组合起来，然后用一个命令运行整个流程。它有点像批处理，但是是程序开发中使用的特殊批处理。

3. 自动化

自动化是以工程化为基础的，工程化本身就是一种流程自动化，而自动化又在工程化的过程中更进一步自动化。

持续集成是全自动化的一个终极体现，它的主要流程为建立版本控制库→构建→测试→报告。持续集成有点像 Windows 的定时任务，但是它是程序开发专用的定时任务，特点就是全自动化，即一个项目配置好以后，若要求不变，就不用管，然后开发者不断把代码加入版本控制库即可。每当库有新增代码时，持续集成就会下载代码进行构建。当它完成构建和测试后，如果测试没有通过，就会报告给开发者，然后开发者根据报告结果修改代码。所以每次往版本库加新代码时，持续集成会全自动地帮开发者构建和测试代码，并尽快地通知开发者代码的问题。这样开发者就可以更加集中精力编写功能代码和测试代码，而不用担心新代码是否会影响过去的代码。持续集成在多人一起开发的时候更有用，能保证多人项目的代码顺利合并，体现"持续集成"的功效。

另外，还有持续部署，即持续集成在测试成功后部署上产品服务器的流程。如今有些网站一天需要部署几十次，有了持续部署后，部署多少次都毫无压力。

4.5.3　编程的其他发展

1. 版本控制 Git 和 GitHub

版本控制在编程界中的地位是越来越重要了。Git 是一个分布式版本控制系统，最初由 Linus Torvalds 于 2005 年开发，并成为 Linux 内核开发的主要版本控制工具。Git 可以跟踪文件系统上的源代码变化，以及文件版本、分支、合并等操作，并且所有历史修改记录都是可追踪和可恢复的。与其他版本控制系统不同，Git 的版本控制是分布式的，每个开发者的本地计算机上都保存了完整的代码库，而不需要依赖中央服务器。Git 已经成为全球最受欢迎的版本控制系统之一，并在开源社区和商业开发中广泛使用。

GitHub 是 Git 的一个基于 Web 的托管服务，可以方便地展示 Git 存储库的信息。它提供了 Git 存储库的远程连接、协作和管理工具。与 Git 不同的是，GitHub 并不是一个版本控制系统，而是一个代码托管平台，它提供了 Git 存储库的在线支持。Git 可以在本地进行版本控制、存储和提交代码，而 GitHub 则提供了在云端协作开发和管理版本的平台。通过 GitHub，开发者可以将自己的 Git 存储库添加到 GitHub 上，这样其他开发者就可以看到并参与协作开发。GitHub 提供了许多方便的功能，如代码查看、Pull Request、Issues、Wiki 等，这些功能可以帮助开发者更好地协作、管理和维护 Git 代码仓库。

2. 生态圈意识

生态圈意识在业界越来越强，它与编程工具化和工程化有极大的关系。一种语言、框架或者库的出现，人们使用它们不仅是因为具有强大的功能，更是因为它们背后的生态圈。比如，选 JavaScript 的框架，是选 React 还是选 Ember.js，更多的是看支持它们的生态圈如何。React 有 Facebook 的支持，还有很多程序员为它开发相关工具和库以及很多文档教程。这样 React 的生态圈就很大，会让很多人愿意选择 React 作为第一开发框架。而 Ember.js 生态圈相对来说较小，选择它的人可能就不会很多。选语言也一样，编写爬虫是选 JavaScript，还是 PHP 或者 Python，更多的是看它们的生态圈，Python 的爬虫库强大且丰富，所以更多人选用 Python 编写爬虫。一种新的语言成熟与否，看的就是它的生态圈是否强大，如是否有测试框架、MVC 框架，以及是否有成熟的时间库、数据库 SDK 等，这些都是其生态圈必要的组成部分。

3. Web 技术的桌面化和 JavaScript 的全栈化

JavaScript 近些年发展火热，逐渐印证了阿特伍德定律：凡是可以用 JavaScript 实现的，最终都会用 JavaScript 实现：①Nodejs 出现，JavaScript 走出浏览器，走向服务器端；② NW 出现和 Electron 正式版发布，JavaScript 走向桌面；③MongoDB 出现，JavaScript 走向数据库；④Tessel 出现，JavaScript 走向硬件和物联网。

如今一个全栈系统，从前端到数据库，可以完全使用 JavaScript 一种语言，还有很多人正在致力于把 JavaScript 推向更多的领域。而 Web 技术（HTML+CSS+JavaScript）由于 NW 和 Electron 的出现，已经可以用于编写桌面程序了。由于 JavaScript 的优秀模块很多，以及 HTML+CSS 的界面容易编写和掌控，且纠错工具丰富，很多人愿意用 Web 技术进行开发。

4. Web API 的全面发展

Web API 的普及，使得网络服务之间相互连通，形成一个更大的服务网络。如今，Web API 已经不可或缺。

从编程的角度来看，Web API 的特点如下：①容易编写，无须界面；②无关语言，即无论用哪种语言编写，几乎任何语言都能调用；③访问性好，无论在哪儿，只要网络能访问，Web API 就可以使用。

5. 语言解析器的工具化

语言解析器在过去作为编译器的一部分存在。如今，它已经独立出来作为一个模块或者工具来使用，这对于一种语言的生态圈有着很大的意义，促进了语言生态圈良好发展。

独立出来的解析器，可以用来编写和语言有关的工具(如语法扰乱器、语法整理器、代码清理器和代码分析器等)，这些工具都是用来优化代码和提升编程体验的。

4.6　编程学习之路

程序设计工作到底是什么？如果现在我们需要一把剑，那么我们就会找造剑的工匠。同样，对于一个手机 App、一个网页系统、一个软件或者一个计算机工具，打造这些的工匠就是程序员，完成制作工作的过程就是编程，编程会给我们带来个人能力和技能上的提升。

学习编程其实没有想象中的那么难，但是也并非易事。在学习编程的过程中，最困难的就是坚持。一开始学习的时候我们会很感兴趣，可是当越学越多、越学越难之后，我们会开始觉得枯燥无味。一个问题可能要好几个小时，甚至一两天才能得以解决。所以，在学习工作中，我们需要有发自内心的热爱，并坚持下去。

4.6.1　将想法变为算法的能力

在现实中，想法从产生到应用，绝非易事。想法表达出来之后，由产品经理进行原型设计，然后再通过 UI 设计师转化成 UI 设计，最终开发者理解后才能真正开始研发。很多想法在沟通、传达、理解过程中丢失了细节，导致最终做出来的产品往往不完全与开始构思的一样。

开发者是研发流水线中的一员，一个全面的程序员，需要懂产品、设计、前端、后端和运维方面的知识。而一个想法经过越少的人，就会丢失越少的信息，这样做出来的产品才能与当初的想法更贴切。

但是如果我们不懂编程，就只能依赖于别人。因为懂编程，我们的想象力可以是我们的创造力。

4.6.2　自我学习能力

编程的世界是一个高速发展和变化的环境，编程知识无边无际。今日的编程方式与五年前的相比，已经截然不同，每种编程语言与它们的框架都在不断升级迭代。我们无法学会所有编程语言或者技术栈，不过我们可以专注于某几个编程领域。只要我们坚持钻研、深入学习，必定能不断提高编程能力。

4.6.3　提升逻辑思维能力

在编程的过程中我们会遇到很多问题，并且需要我们一个一个地去解决。解决问题是一个开发者必备的技能。大到技术架构、业务场景的问题，小到系统中的问题，都需要我们使用逻辑思维能力去排查和解决。

经过长期的编程锻炼，我们的思维会发生改变，编程过程会培养我们的逻辑思维能力和分析能力。渐渐地，我们能够通过深入分析，然后运用逻辑思维能力解决问题。

4.6.4　应用程序实现目标

日常生活中，我们有很多重复的工作，极度枯燥乏味。幻想一下，如果一个程序可以帮我们自动化地处理掉这些工作，是不是很方便？这样我们就会有更多的时间思考，或者做更多有意义的事情。

支付宝、微信、钉钉等应用软件大家基本每天都会用到，它们帮我们做了很多烦琐的事情。比如，支付宝帮我们记账，分析我们每月的支出；微信的语音功能可以自动帮助我们将语音转换成文字，让我们可以在不方便打字或者不想打字的时候，仅录一段语音、点一下按钮就能发送文字，而且还能自动加上标点符号；钉钉引入了蓝牙自动打卡功能，由此我们不需要天天排队打卡，同时它每个月还会自动分析考勤异常情况，分析某个人某天是否没有打卡或者需要调休。这些都为我们日常生活带来的便捷，让一些需要我们花时间处理的繁杂事情变得更自动化、简单化和智能化。学会编程不仅可以编写改变世界的代码，还能给我们自己的日常工作或者生活带来便利。

4.6.5　培养有趣的业余爱好

把编程当成自己的一个业余爱好，会无比快乐。成为一名程序设计者，可以充分发挥想象力，实现自己所想。而编程对于任何人都可以是一个有趣的业余爱好，它没有门槛。任何人只要有一台计算机，能上网，就可以开始学编程。只要愿意学，有兴趣、有毅力，就能学会。

4.7 本 章 小 结

本章主要讲解三个方面的内容。首先介绍了机器语言、汇编语言和高级语言的概念、作用、地位及三者的关系，以及主流语言的组成、用途和最新发展起来的语言；其次讲解了程序的结构，介绍了程序设计思想，以及程序设计工具化、工程化、自动化等最新发展趋势；最后讲解了程序设计的学习之路，指出编程就是要把想法变成算法，编程能锻炼和提升逻辑思维能力，需要较强的自学能力和吃苦精神。

通过对本章的学习，掌握计算机语言、程序设计、编程、程序、软件等基本概念和相互之间的关系，可为今后从事软件开发奠定基础。

思考练习题

1. 什么是计算机语言？它的用途是什么，与自然语言有什么不同？
2. 机器语言、汇编语言和高级语言三者是什么关系？举例说明。
3. 请论述汇编语言为什么不会被替代。
4. 简述计算机语言的发展历史。
5. 程序设计有哪三种不同的基本结构，它们的主要作用和用途是什么？
6. 从计算机语言、程序设计、程序的关联来论述三者的含义及相互之间的关系。
7. 什么是程序设计思想？请举例说明程序设计思想与人解决问题的思路有什么相同点和不同点。
8. TIOBE 编程语言排行榜在业界非常出名。请简要说明 TIOBE 年度编程语言、每月编程语言排行榜的标准。
9. 给出最新 TIOBE 编程语言排行榜，排行榜上排名第一的语言就是最好、使用最多的编程语言吗？为什么？
10. 为什么编写程序只有想法不行，需要把想法变成算法后才能实施？
11. 举例说明编程与逻辑思维能力紧密相关。
12. 根据你的编程经历举例说明编程的乐趣和辛苦之处。
13. 论述编程与计算思维的关系。
14. 你认为"C 生万物"这种提法正确吗？为什么？
15. 论述专业程序设计和非专业程序设计的区别。

第5章 软件工程

软件就像熵：难以把握，没有重量，服从热力学第二定律。比如，它总是在增长。

——诺曼·奥古斯丁

第4章介绍了程序设计，即编程。可以通过编程来掌控计算机，编程的直接产物是程序。程序是一系列指令，能控制计算机完成若干任务。那么，程序就是软件吗？软件工程就是编程吗？拥有出色的编程能力就能成为优秀的软件工程师吗？本章的内容将介绍软件和软件工程，涉及软件的概念与发展历史、软件危机、软件工程的起源和内涵、软件开发的核心活动与方法，以及软件工程管理。通过这一章的学习，希望读者能把对软件工程专业的理解与学习规划从程序设计的视角升华到软件工程的高度，真正理解软件工程的含义与重点。

5.1 软件概述与发展

5.1.1 软件的概念

如果广义地理解"计算"，"软件"的历史可以追溯到一千年之前，软件可被视作以计算为核心手段实现应用目标的解决方案。人类历史上最早的计算设备是算盘，其算法口诀可视为一种程序化计算规则。到东汉，提花机的设计中蕴含了用程序方式编织特定图案的思想。类似的设备至 1805 年才在欧洲出现，即提花织机。世界上第一位程序员是艾达·洛夫莱斯，她在 1842 年左右为巴贝奇的分析机写了一个算法程序，将计算伯努利数的思想翻译成机器指令。然而这个程序是理论上的，因为当时的工程水平尚无法建造出这台分析机。但仍可见早在机械计算时代，编程思想已经萌芽。

当研制出电子计算机时，机械计算时代便结束了，现代意义的软件诞生。在计算机诞生之初，人们关注的核心对象是程序，围绕程序是什么、怎么写、怎样运行进行研究。随着各种程序设计语言、编译和解释技术、操作系统、算法等的研发，计算机应用领域开始拓展。"软件"一词最早出现在 1953 年兰德公司的报告中，用来说明讨论可靠性时与硬件相对应的"人因"。而后在 1958 年约翰·图基描述了我们现在通常理解的"软件"，认为软件是"由精心编排的解释程序、编译器以及自动编程的其他方面组成，它们至少像电容器、晶体管、电线和磁带等现代计算机硬件一样重要"。软件的概念逐渐形成并清晰起来。而 IEEE 610.12—1990 软件工程标准对软件的定义是，与计算机系统操作有关的计算机程序、过程，以及可能相关的文档和数据。《计算机科学技术百科全书》又分别从个体含义与整体含义的角度描述了软件，即计算机系统中的单个程序及其文档和在特定计算机系统中个体含义下的所有软件。一般可以认为，软件=程序+数据+文档。

从上述定义可以看出，软件包括程序，程序是软件的重要组成部分，但文档与数据也是软件的存在形式之一。与程序一样，软件是一种用于计算的逻辑制品，渗透了大量的脑力劳动。但与飞机、摩天大楼等有形的人工制品不同，软件是无形的，只能通过运行时的状况来了解其功能、特性和质量。同时，软件不像飞机和摩天大楼一样会老化和磨损，但当软件存在缺陷或不能满足人们的应用需求时，仍需要对它进行维护和更新。另外，软件的开发和运行依赖于特定的计算机系统环境，对硬件有依赖性。而硬件若没有软件运行其上，便无法进行计算，软件是计算机系统的灵魂。此外，软件具有可复用性，一旦开发完成，便很容易复制出多个副本。

5.1.2　软件发展历史

软件发展历程分为以下三个阶段。

第一个阶段是 1946～1975 年，软硬一体化阶段。在软硬一体化阶段，也就是计算机刚出现的时候，软件的概念尚未流行，人们关注的焦点是程序，且程序主要由机器语言和汇编语言编制。程序早期的应用以密码破解和军事领域的计算为主。20 世纪 60 年代初期，开始出现"软件"一词，其融合程序和文档于一体，作为独立的形态从硬件分离出来，以 IBM 360 系列机为代表(尽管还是和硬件捆绑销售)，同时也逐渐形成了计算机学科和程序员行业。它的展现形式是高级程序语言+文档，应用领域主要是商业计算和其他科学计算领域。

第二个阶段是 1975 年以后，软件的产品化、产业化阶段。软件产品化、产业化阶段，微软和 Oracle 的出现标志着软件开始成为一个独立产业。而个人电脑的广泛应用和软件产品化催生了人类历史上信息化的第一波浪潮，其主要特征是以单机应用为特征的数字化阶段。紧接着出现了办公软件，它彻底改变了人们传统的办公方式，Microsoft Office 迄今依然是微软的标志性产品之一。

第三个阶段是 1995 年以后，软件的网络化、服务化阶段。从 20 世纪 90 年代中期开始，软件进入网络化、服务化阶段。互联网推动了软件从单机向网络计算环境延伸，带来了信息化的第二波浪潮，其基本特征是以互联网应用为特征的网络化阶段。

目前，我们正在进入一个软件定义的时代。软件无处不在，软件定义一切，我们需要用心学习、了解软件。

5.1.3　软件生命周期

同其他有生命的事物一样，软件也存在一个从孕育、诞生、成长、成熟到衰亡的过程，称为软件生命周期(software life cycle，SLC)或软件生存期。软件生命周期包含从问题定义、软件需求分析到交付软件产品的若干软件过程，还包括软件运行维护、支持、改进，直到软件退役等其他软件过程。软件生命周期大体可分为三个阶段，即软件定义、软件开发和软件运行维护阶段。

软件定义阶段往往包括软件计划、问题定义和可行性研究等活动，需要软件开发方与需求方共同讨论所要解决的现实问题以及时间、成本、现有技术等约束条件，确定软件开发的目标、范围及可行性等。可行性研究将从经济可行性、技术可行性等方面确定拟开发的软件项目是否是最好的选择。

软件开发阶段即决定开发一个软件产品到产品交付结束的时间周期，称为软件开发生命周期（software development life cycle，SDLC）或软件开发过程（software development process，SDP）。SDLC 为软件开发定义了一个框架，其规定了软件开发每一个阶段的任务，将自动化工具、软件开发方法和质量管理紧密结合在一起，将规模大、结构复杂、管理复杂的软件开发变得容易控制和管理，目标是根据用户需求研发满足或超越用户期望的高质量系统。SDLC 由一系列明确定义的不同工作阶段组成，其有助于软件工程师和软件开发人员利用对软件系统的设计、构建、测试和交付进行计划。

当软件开发阶段结束，并交付了满足用户需求的合格软件产品，软件便可投入运行，这便开始了软件运行维护阶段。随着运行环境的变化以及用户新需求的出现，软件产品也需要变更或演化。维护的主要内容包括将修改请求记录到日志中并加以跟踪、确定拟进行变更的影响范围、修改代码和其他软件制品、构件测试、发布软件产品的新版本、为用户提供培训和日常支持等。过去，在大多数软件开发组织中，软件开发的地位比软件维护要高得多。实际上，在整个软件生命周期中，软件开发阶段只占远远不到 1/3 的时间，大部分软件生命周期是运行维护期。现在，由于各软件开发组织致力于通过使软件尽可能持久地保持可运行状态以压缩软件开发的投资，软件维护越来越受到重视，且往往贯穿于软件从开发到运行的整个生命周期。另外，开源软件开发模式的出现使得人们对他人开发的软件的维护问题有了进一步的关注。

5.2　软件危机与工程

工程指的是将理论和所学的知识应用于实践，以便经济有效地解决实际问题。工程是大规模的设计与制造，主要用来解决复杂问题，涉及对目标的分解。工程由多人参与，在实施过程中需要考虑运营、管理、成本、质量控制、安全等诸多方面。

本节将讲述软件危机和软件工程的起源、内涵及其发展。

5.2.1　软件危机的原因与表现

在 1958 年"软件"被提出后的十年内，软件开发和交付方面的问题导致"软件危机"一词被提出。这里，软件危机指的是在所需时间内编写出有用且高效的计算机程序存在很大困难，导致软件开发出现许多问题。一方面，软件本质上的复杂性远远高于硬件的复杂性，要解决的问题越巨大，软件规模就越大、越复杂，软件开发也因此具有复杂、成本高、风险大的特点；另一方面，错误或落后的软件开发方法和维护方法是产生软件危机的直接原因。例如，项目没有被很好地理解，计划不周，最终导致进度被拖延；在开发过程中缺乏充分的文档资料；软件缺乏度量标准，质量无法得到保证等。

软件危机的表现主要体现在三个方面。①软件开发效率低，具体表现在项目超预算、项目开发时间过长、软件延期交付甚至从未交付。②软件质量差，交付的软件产品不好用，或者软件不符合要求，用户不满意。③项目难以管理，代码维护非常困难。

5.2.2　软件危机案例

多年来，软件危机的案例层出不穷。这里本书探讨一些有名的案例。

IBM System/360（简称 S/360）项目被认为是一个典型的软件危机案例。在 S/360 被研发出来之前，IBM 旗下的每一种计算机产品都有自己的操作系统，因为它们都是按照客户的订单制造的，所以是单一的彼此不兼容的应用系统。1964 年 4 月 7 日，IBM 宣布了一个新的产品阵容，即 S/360，包括 6 种型号的计算机，44 种外围设备，而且都是相互兼容的，其核心目标是创建可以在 IBM 旗下所有不同型号的大型机上运行的单一操作系统。S/360 是第一个旨在涵盖商业和科学应用的计算机系列，项目总共花费了约 50 亿美元，其间总共雇用了超过 7 万名员工。但项目还是晚了一年多才交付使用，且交付后存在很多软件缺陷。

计算机科学史上最令人不寒而栗的软件故障出自 Therac-25，这是一台为癌症患者提供放射治疗的机器。其所使用的控制器软件是从早期的 Therac-6 和 Therac-20 模型中复用的，这些模型有硬件联锁，以防止某些类型的故障。但 Therac-25 去除了这些硬件联锁，转而采用基于软件的安全装置。最终，Therac-25 中控制器软件的控制逻辑问题、糟糕的用户界面和其他各种问题导致机器释放多达 100 倍预期剂量的辐射。在 1985～1987 年，至少有 6 名病人遭受危险剂量的辐射，并出现辐射病的症状，其中 3 名病人死亡。

美国丹佛国际机场的行李系统是 20 世纪 90 年代世界上最先进的行李系统，可自动化处理整个机场的行李。可是该系统的开发是一个巨大的失败，在机场的其他部分准备就绪后，机场在 16 个月内仍无法运营，耗资超出预算 5.6 亿美元，最终系统只实现了预期功能的一小部分。

1996 年，欧洲航天局的阿丽亚娜 5 号无人驾驶火箭在发射后几秒钟爆炸，一个长达 10 年、耗资 70 亿美元的项目以失败告终。对故障的调查显示，发射失败的原因是控制软件中的整数超限，当 64 位浮点数转换为 16 位有符号的整数时发生了错误——产生的整数过大，无法用 16 位整数表示，导致主系统崩溃。后备系统也遇到了同样的问题，导致飞行不稳定，随后发生爆炸。

5.2.3　软件工程的由来

IEEE 计算机学会资深作家 Lori Cameron 2019 年 2 月 12 日在软件杂志(Software Magazine)中发表了一篇文章"What to Know About the Scientist who Invented the Term 'Software Engineering'",她指出,玛格丽特·汉密尔顿是创造"软件工程"这个术语的人。她曾参与过 SAGE 计划,在德雷珀实验室工作期间,她成为 Skylab 和 Apollo 的主要开发者。根据一段未发表的口述历史,她从 1963 年或 1964 年开始使用"软件工程"这个术语,以区别于美国太空计划中的硬件工程。

1968 年秋天,北大西洋公约组织科学委员会主办了一场会议,召集了近 50 名一流的编程人员、计算机科学家和工业界巨头,讨论和制定摆脱"软件危机"的对策。在这次会议上,专家们首次提出需要与其他领域的工程方法一样系统化地进行软件开发。从这个会议开始,软件工程这个概念开始崭露头角。

5.2.4　软件工程的含义

软件工程的概念实际存在两层含义,从狭义的概念看,软件工程着重体现在软件过程中所采用的工程方法和管理体系上,如引入成本核算、质量管理和项目管理等,即将软件产品开发看作一项工程项目所需要的系统工程学和管理学。从广义的概念看,软件工程涵盖了软件生命周期中所有的工程方法、技术和工具,包括需求分析、设计、编程、测试和维护的全部内容,即完成一个软件产品所必备的思想、理论、方法、技术和工具。

软件工程强调用工程化、系统化的方法开发软件,要解决的问题是如何高效、高质量地开发出符合要求的产品。其含义可以通过如图 5-1 所示的四个叠加的层次进行理解。

图 5-1　软件工程的层次

软件是一种人工产品,软件工程需要关注软件质量,软件质量保障应该渗透到整个软件开发过程中,处于最底层。通常用以下特性来评价软件质量:功能性、可靠性、易用性、效率、可维护性、可移植性。在质量关注点之上,便是软件工程三要素:过程、方法和工具。

软件工程过程是软件工程的基础,也是软件工程其他部分赖以建立的框架。将完成软件开发与维护的一系列活动,如需求分析、设计、构造、测试、配置管理等,按先后顺序组织起来就形成了软件过程。软件过程定义了如何管理软件,所需要的输入和输出产品,应该达到的目标等,描述了应该如何确保质量。软件过程模型(如瀑布模型、增量模型等)

将在 5.4 节进行具体介绍。

在软件过程之上,是软件工程包含的方法。软件工程方法为软件过程的各个部分提供了应该"如何做"的技术,例如,如何与客户沟通,如何测试软件,如何收集需求等。早期的软件开发没有可遵循的方法,程序员只是根据需要解决的问题按经验直接写代码。随着软件开发经验的不断积累,研究者开始越来越多地研究软件方法,以指导软件设计和实现,使软件开发具有系统性,并形成系统化的可重复的过程,从而提高软件开发的成功率。目前比较流行的系统化的软件工程方法包括面向对象的分析和设计方法、基于构件的方法以及面向服务的软件开发方法,5.5 节将进一步介绍。

而在所有这些要素之上,是软件工程工具。软件工程工具为软件开发提供自动或半自动的软件支撑环境,是用来辅助计算机软件开发、运行、维护、管理、支持等的一类软件,被称为计算机辅助软件工程工具。大家熟悉的各类开发环境,如 Eclipse、Visual Studio,版本控制软件 Git,应用容器引擎 docker 等,都是软件工程工具的例子。这些工具提供的代码编辑、代码自动补全、框架自动生成、代码管理、代码调试、配置管理等功能从不同层次与角度支撑软件开发,极大地提升了开发效率。

5.2.5 软件工程的发展

软件工程的发展经历了如下 5 个阶段,本书将对每个阶段的重要特征、主要方法、工具与技术以及历史事件等展开介绍。

1. 史前时代(20 世纪 70 年代以前)

在现代电子计算机诞生后的 20 多年间,计算机的成本比程序员的薪资还要高。计算机被分开放在一个可以调控温度的房间里。软件开发的过程就像打卡时代的流水线一样,分析员把需求传递给程序员,程序员用流程图来设计算法,而后程序员又把他们的(纸质)程序传递给打卡员。打卡员在一堆堆穿孔卡片上打孔,然后把得到的一组穿孔卡片交给在可调控温度房间工作的计算机操作员,计算机操作员在"大型"计算机上进行批处理计算。图 5-2 展示了穿孔卡片程序及批处理该程序的计算机。

图 5-2　卡片穿孔方式的计算机批处理

　　这一时期的软件开发没有正式的方法可循，程序设计是在开发人员的头脑中完成的。随着小型计算机和微型计算机的兴起，计算机成本降低，再加上分时理念的实现，这种软件开发模式才得以改变。而现在，程序员远远比计算机更昂贵，把计算机放在任何地方进行软件开发在经济上和技术上都是可行的。

　　2. 走向成熟的时期(20 世纪 70 年代末到 20 世纪 80 年代初)

　　因为软件危机，软件工程被正式提出，并逐渐走向成熟。在这个时期，很多编程和软件开发的方法、思想和原则等被提出并得以应用与发展，比较有代表性的有以下这些。

　　拉里·康斯坦丁是第一个提出模块化编程思想的人，他把耦合和内聚作为算法分解的机制。之后，1976 年艾兹格·迪科斯彻在《编程的修炼》一书中正式提出结构化编程的思想，为软件工程提供了一个重要的工具。大约在同一时间，罗伯特·弗洛伊德和托尼·霍尔等设计了用于表达和推理程序正确性的形式系统——霍尔逻辑，这是将计算机科学和软件工程联系起来的真正尝试。尼古拉斯·沃斯发明了 Pascal，这是一种明确鼓励使用结构化编程和数据结构的程序设计语言。奥利·约翰·达尔和克利斯登·奈加特发明了 Simula，这是一种面向对象而非面向算法的语言。

　　温斯顿·罗伊斯随后提出了一个正式的关于软件开发过程的概念，即瀑布过程模型。他谈到了迭代开发、原型的重要性，以及源代码之外的软件制品的价值。在这个时期，大卫·帕纳斯提出了信息隐藏思想，芭芭拉·利斯科夫提出了抽象数据类型思想，陈品山提出了实体关系建模方法，软件工程领域突然有了一系列充满活力的想法来表达软件开发的产品和过程，从而产生了第一代软件工程方法论，即结构化分析和设计方法(将在 5.5 节进行详细描述)。同时再加上迈克尔·法甘的软件检查、詹姆斯·马丁的信息工程、约翰·巴克斯的函数式编程和莱斯利·兰伯特的关于分布式计算的最佳实践等研究与实践成果，软件工程逐渐走向成熟。

　　3. 黄金时期(20 世纪 80 年代)

　　面对日益增长的软件质量问题、超大型软件密集型系统的兴起、软件的全球化以及从程序到分布式系统的转变等机遇和挑战，软件工程领域需要新的方法。达尔和奈加特提出了面向对象的编程思想，并催生了一类全新的编程语言，包括 Smalltalk、C with Classes、Ada 等。Ada 是美国国防部为解决编程语言泛滥和软件本身性质变化的问题而研发的语言，也被证明是这个时代的催化剂。此时，虽然结构化方法仍然有用，但它们并不能全部适用于这些新语言，因此诞生了软件工程的一个黄金时代。一些结构化方法的先驱们开始转向，如詹姆斯·马丁和爱德华·纳什·尤顿开始推崇面向对象的方法；其他一些人也产生了全新的想法，格雷迪·布奇的 Booch 方法，吉姆·伦博的 OMT 方法和伊万·雅各布森的 Objectory 方法便是例子。这三人意识到有机会为软件工程领域带来一些共同的最佳实践，于是联合起来，创建了统一建模语言 UML，随后创建了统一过程模型 RUP。

　　在这一时期，软件工程的其他方面也开始发展并发挥作用，包括菲利普·克鲁克滕的软件架构 4+1 视图模型，巴利·玻姆在软件经济方面的工作以及他创建的螺旋模型；维克·巴西利的经验主义软件工程思想，卡珀斯·琼斯的软件度量，还有瓦茨·汉弗莱的能力成熟度模型等。这些影响了全新一代编程语言的发展：本贾尼·斯特劳斯特卢普的 C with Classes 成长为 C++，后来影响了 Java 的创建；艾伦·库珀的 Visual Basic 为 Windows 平台注入了活力；布莱德·考克斯发明的 Objective-C 语言，对苹果产生了巨大的影响，此外，其关于基于组件的工程的想法直接促进了微软 OLE 技术和 COM 组件的研发，它们是当今微服务架构的前身。

4. 颠覆的时代(20 世纪 90 年代至 21 世纪初)

20 世纪 90 年代互联网的兴起给我们提供了一个非常丰富、尚未开发的平台。其中，用户以十亿计。此时，不再构建程序，而开始构建系统；形成相对稳定、非常活跃的软件工程社区；为了满足需求分析、设计、开发、测试和配置管理的需求，软件公司建立；增量和迭代开发的持续集成成为常态。而软件设计模式的提出又一次提升了软件工程的抽象层次，并深刻地影响了这一时代的软件开发。例如，吉姆·科普利恩采纳了软件设计模式的思想，并将其应用于组织模式上，玛丽·肖则应用于软件架构风格上。

随着互联网的普及和发展，移动设备应运而生，世界再次发生了变化。布莱德·考克斯为基于组件的工程奠定的基础转变为基于服务的体系结构，进而转变为微服务体系结构，并随着 Web 技术的不断变化而不断发展；新的编程语言来来往往(现在仍然如此)，但只有少数语言占据主导地位(如 Java、JavaScript、Python、C++、C#、PHP、Swift 等)；计算从大型机移到数据中心，再移到云，加上微服务，互联网演变成计算平台，很多公司的生态系统拔地而起。

此时，不再只构建程序或单体系统，而是构建位于边缘并与分布式系统交互的应用程序。敏捷方法及其变体已经开花结果，并成为主导方法。随后，Git、Github 和 Stack Overflow 出现，计算思维的概念流行，DevOps 的概念被提出，全栈开发兴起，物联网蓬勃发展，SWEBOK 软件工程知识体系(将在 6.3.1 节进行详细介绍)和 INCOSE 系统工程知识体系等建立，这些都标志着软件工程进入了一个新的黄金时代。

5. 智能化时代(2010 年至今)

进入智能化时代的软件工程正在经历新的变革。一方面，我们才刚刚开始了解基于数据的计算模型的局限性和可能性；另一方面，我们还没有开发出足够多的人工智能系统，以充分了解它们可能会如何影响软件工程过程，但它们肯定会产生影响。对于那些不是通过编程而是通过机器学习等手段开发的系统组件，如何确定最好的生命周期，如何测试它们；当数据可能比神经网络本身更重要时，配置管理在哪里适合；如何用无法解释或无法完全信任的组件来构建最佳的软件体系结构；量子计算、增强现实、虚拟现实、人-机-物融合系统的发展等，都会给软件工程带来新的挑战。

现在我们已进入智能化时代，软件定义一切的时代，人工智能等技术、虚拟现实等软件产品形态、人-机-物融合系统等都会带给我们新的挑战，但会有更多的软件工程研究与实践从方法、过程和工具等不同角度来解决软件危机，软件工程也将与时俱进、持续向前发展。

5.3　软件开发过程

很多不熟悉软件领域的人可能会认为软件开发就是编写代码，但从更广泛的意义上讲，软件开发包括从构思所需的软件到最终呈现出可运行的软件的所有过程。这里本节先介绍软件开发过程中的四个主要活动，即需求分析、软件设计、软件构造和软件测试，然后介绍一些常见的软件开发方法。

5.3.1　需求分析

在软件开发中，如何定义待解决的问题并用软件需求描述出对问题的解决方案是至关重要的一步。如果需求分析完成得不好，则软件工程项目极易失败。而且由需求分析导致的错误越到开发后期，其代价越大。例如，在测试阶段修复一个需求分析错误的代价往往要比修复一个编程错误的代价高出 100 倍。

软件需求表达了施加在软件产品上的要求和约束，关注的是如何理解需要用软件技术来解决的问题。需求分析阶段的主要任务就是观察现实世界，识别和定位现实需求，分析、验证和管理软件需求等。具体地，在开发一个新的或改变一个现有的产品时，需要确定该产品的目的，明确为什么以及在怎样的限定范围内开发这个产品。然后需要定义为达到目的，产品应该提供什么功能。在分析需求的过程中还需要考虑不同利益相关者，确认这些需求是否会出现冲突，如何处理需求冲突，可能还需要确定需求的优先级。最后需要对软件需求进行分析、记录、确认以及管理。

弗雷德里克·布鲁克斯说："开发软件系统最为困难的部分就是准确说明开发什么。最为困难的概念性工作便是编写出详细技术需求，这包括所有面向用户、面向机器和其他软件系统的接口"。这些困难一部分来自客户不知道自己要什么，往往客户在看到最终产品前无法判断其是否是所希望的产品。同时，因为应用领域和客户需求的多样性和复杂性，客户在描述需求时会带有不确定或模糊的因素。随着软件开发进程的推进，客户逐渐加深了对软件产品的理解，这时，客户可能会产生新的需求或要求对原来的需求进行变更。此外，需求获取与分析是一个需要在不同干系人间进行沟通与信息交换的过程，沟通不足或者理解出现偏差将引入更多的不确定性和误差。因此，需求分析听起来很简单，但实际要做好并不容易。

5.3.2　软件设计

设计被视为解决问题的一种方式，是一种具有创造性的活动。根据同样的软件需求进行设计，不同的人会有不同的设计方案。软件设计是完成软件需求分析之后和开始编程之前的活动，它将分析软件需求，产生对软件内部结构的描述，是软件构造的基础。软件设计的结果应描述软件体系结构(即软件如何分解为一系列组件,以及这些组件之间的接口)和各组件(以便后续指导这些组件的构造)。软件设计在软件开发中起着重要作用,它能够让软件工程师制作针对待实现方案的各种不同模型,从而通过分析和评价这些模型,确定使用它们是否可以满足需求;也可以用于检查和评估各种不同的候选方案。

软件设计分为软件体系结构设计(又称高层设计、顶层设计、概要设计或架构设计)和软件详细设计。概要设计用来设计和描述软件的高层体系结构,识别组件和组件间的关系。它是软件设计的第一步,定义软件的全貌,形成最重要的设计决策,为后续详细设计与实现提供战略性指导原则。详细设计用于描述各个组件内部的期望行为和设计细则。

用户界面设计是软件设计过程的必要组成部分,用于设计人机交互方式让用户操作和控制软件系统。它主要包括两个方面的内容:①用户交互,设计用户与软件进行交互的方式,常见的方式有问答方式、直接操纵方式、填表方式、命令语言方式、自然语言方式等;②信息呈现,设计软件反馈给用户的信息呈现给用户的方式,如色彩的使用可用来增强界面的表现力。

复用是提高软件生产力和质量的重要技术,软件设计复用是指对体系结构设计和详细设计的设计知识复用,前者被称为体系结构样式(architectural style),后者被称为设计模式(design pattern)。框架也是一种典型的软件复用形式,是一个"半成品"的软件系统,同时包含设计和代码,其中运用了大量的体系结构样式和设计模式,实现了系统中的共性体系结构和组件,并通过插件等机制对尚未实现的部分进行补充和扩展,常见的框架有Spring、MyBatis、Node.js等。

体系结构样式从高层定义了可复用的体系结构设计,对软件组成元素及其关系类型进行限定和使用约束。主要的体系结构样式:①通用结构,如分层样式、黑板样式;②分布式系统,如客户端-服务器样式、三层样式、代理样式;③交互式系统,如模型-视图-控制器样式(MVC)。

设计模式是针对特定上下文中特定公共问题的共性解决方案,它从较低层次描述了可复用的设计细节。现已发布的设计模式有几十种,有代表性的包括工厂模式、原型模式、单例模式、适配器模式、组合模式等。

除了软件设计的复用,研究者还根据多年的软件开发实践经验总结出一系列软件设计原理,为不同的软件设计方法和概念提供了关键和基本的设计方法。这些软件设计原理包括抽象、耦合与内聚、分解与模块化、封装与信息隐藏、接口与实现分离、关注点分离等。

5.3.3 软件构造

软件构造指的是通过编码、验证、单元测试、集成测试和调试纠错等一系列活动,创建可工作的有意义的软件的过程。简而言之,软件构造就是代码实现的过程。它与软件设计和软件测试的关系最为紧密,通常软件构造的输入是软件设计的输出,而软件构造的输出是软件测试的输入。

根据同样的设计开展软件构造,不同的人可能会写出风格迥异、复杂程度不一的代码。

而影响软件开发的主要因素是复杂性，因此复杂性是软件构造过程的重要考虑因素。在编写代码时，要注重代码的简洁性和可读性，使用构造标准、模块化设计等方法和技术来降低代码的复杂性。常见的构造标准：①程序编写标准，如命名习惯、代码布局、缩进等；②编程语言标准，如 Java 和 C++语言标准；③平台标准，如操作系统调用接口标准，遵守平台标准可帮助程序员开发出具有可移植性的应用程序，使应用程序可不加改变地在任何兼容环境下运行。

构造阶段涉及两种形式的测试(即单元测试和集成测试)，由编写代码的软件工程师来完成。构造阶段进行测试的目的是缩短故障与故障被检测到的时刻之间的差距，降低故障定位成本。测试用例在代码编写完成后加以设计，也可在编写代码前就设计出来。

5.3.4　软件测试

软件测试是指动态验证程序针对有限的测试用例集是否可产生期望的结果，是为评价与改进软件质量、标识软件缺陷和问题而进行的活动。测试用例是一组条件或变量，它定义了执行一个单一测试以实现特定软件测试目标时所需的输入、执行条件、测试流程和预期结果。软件测试的目的不是证明软件是正确的、没有错误的，而是尽可能地发现更多的软件故障和缺陷，从而尽快修复软件。

在确定要开发一个软件产品之后，便要经历软件开发过程，其中主要的活动是需求分析、软件设计、软件构造和软件测试，有时还包括软件安装和验收。需求分析解决的是创建"什么"的问题，软件设计解决的是"如何"创建的问题，软件构造是用编码进行创建的活动，而软件测试是查找软件错误，进行质量检验和保障的环节。软件是无形的逻辑制品，较为复杂，其开发过程中的活动具有较大灵活性且较难管理和追溯，因此需要用系统化、工程化、可度量的方法指导软件开发过程。

5.4　软件过程模型

由于软件系统复杂，不同的软件开发项目面临的情境多种多样，很多软件过程模型或方法被提出，以满足不同开发情境的需要。这里简要介绍几种软件过程模型(包括瀑布模型、快速原型模型、增量模型、螺旋模型以及统一软件开发过程和敏捷软件开发。

5.4.1　瀑布模型

瀑布模型(waterfall model)强调软件和系统开发应有完整的开发周期，软件开发要严格按照顺序，经历计划、需求分析、设计、编码、测试、运行维护等阶段，进行系统化的考量与设计，投入技术、时间与资源等。瀑布模型是一个线性模型，如图 5-3 所示。由于该模型强调系统开发过程需有完整的规划、分析、设计、测试及文件等的管理与控制，因此能有效地确保系统质量，它已经成为软件业大多数软件开发的最初标准。

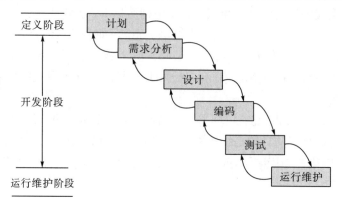

图 5-3   瀑布模型

瀑布模型的优点：提供了软件过程模型的基本框架（模板）；强调每一阶段活动的严格顺序；保证质量，以经过评审确认的阶段性工作产品（文档）驱动下一阶段的工作，便于管理；是一种整体开发模型，程序的物理实现集中在开发阶段的后期，客户在最后阶段才能看到自己的产品。瀑布模型适合用户需求明确完整、无重大变化的软件项目的开发。瀑布模型的成功在很大程度上是由于它基本上是一种文档驱动的模型。其缺点也很明确：实际项目很少按照该模型给出的顺序进行开发；客户常常难以清楚地给出所有需求；客户必须有耐心，等到系统开发完成。

5.4.2   快速原型模型

快速原型模型（rapid prototype model）（图 5-4）克服了瀑布模型的一个缺点，即在客户不能给出完整、准确的需求说明，或者开发者不能确定算法的有效性、操作系统的适应性或人机交互的形式等情况下，可以根据客户的一组基本需求，快速建造一个原型（可运行的软件），然后进行评估，并进一步精细化和调整原型，使其满足客户的要求，同时也使开发者对将要做的事情有更好的理解。

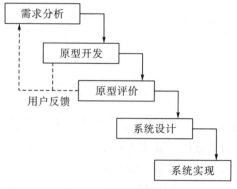

图 5-4   快速原型模型

快速原型模型是不带反馈环的,软件产品的开发基本上按线性顺序进行。原型系统已经通过与用户交互得到验证,据此产生的规格说明文档能正确地描述用户需求;开发人员通过建立原型系统,能减小在设计和编码阶段产生错误的可能性。快速原型的本质是"快速",开发人员应该尽可能快地建造出原型系统,以加速软件开发过程,节约软件开发成本。

快速原型模型存在的问题如下。

(1)为了使原型尽快地工作,没有考虑软件的总体质量和长期的可维护性。

(2)为了演示,可能采用不合适的操作系统、编程语言、效率低的算法,这些不理想的选择成了系统的组成部分。

(3)开发过程不便于管理。

5.4.3　增量模型

增量模型(incremental model)(图 5-5)也称为渐增模型,它把软件产品作为一系列增量构件来设计、编码、集成和测试。每个构件由多个相互作用的模块构成,并且能够完成特定的功能。

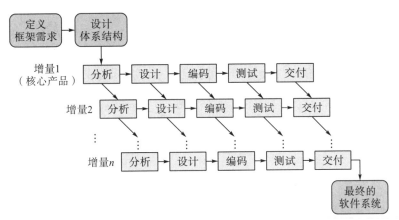

图 5-5　增量模型

增量模型的优点在于能在较短时间内向客户提交可完成部分工作的产品,并分批、逐步地向客户提交产品。整个软件产品被分解成多个增量构件,开发人员可以一个构件一个构件地逐步开发。逐步增加产品功能可以使客户有较充裕的时间学习和适应新产品,从而减少一个全新的产品可能给客户带来的冲击。采用增量模型比采用瀑布模型和快速原型模型需要更精心的设计,但在设计阶段多付出的劳动将在维护阶段获得回报。其缺点是软件体系结构必须是开放的,在把每个新的增量构件集成到现有软件体系结构中时,必须不破坏原来已经开发出的产品。此外,必须把软件的体系结构设计得便于按这种方式进行扩充,向现有产品加入新构件的过程必须简单、方便。开发人员既要把软件系统看成一个整体,又要看成多个独立的构件,相互矛盾。而多个构件并行开发,具有无法集成的风险。

5.4.4 螺旋模型

螺旋模型(spiral model)(图 5-6)是一种演化软件开发过程的模型,它兼顾了快速原型的迭代特征以及瀑布模型的系统化与严格监控。螺旋模型最大的特点在于引入了其他模型不具备的风险分析,使软件在无法排除重大风险时有机会停止运行,以减小损失,而在每个迭代阶段构建原型是螺旋模型减小风险的途径。螺旋模型更适合大型昂贵的系统级软件应用。

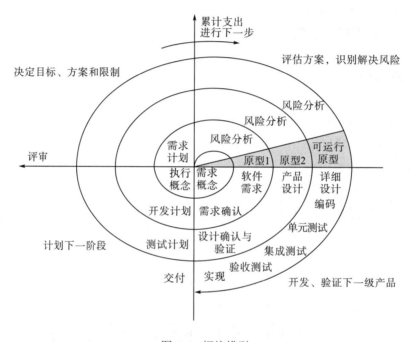

图 5-6 螺旋模型

螺旋模型由美国软件工程师巴里·勃姆于 1988 年 5 月在他的文章《一种螺旋式的软件开发与强化模型》中提出。事实上,螺旋模型并不是第一个讨论迭代过程的模型,而它却是第一个解释迭代重要作用的模型。一个典型的螺旋模型由以下步骤构成:

(1)明确本迭代阶段的目标、备选方案以及应用备选方案的限制。

(2)对备选方案进行评估,明确并解决存在的风险,创建原型。

(3)当风险得到很好的分析与解决后,应用瀑布模型进行本阶段的开发与测试。

(4)对下一阶段进行计划与部署。

(5)与客户一起对本阶段进行评审。

螺旋模型的优点:通过原型的创建,使软件开发在每个迭代的最初明确方向;通过风险分析,最大程度地降低软件开发彻底失败造成损失的可能性;在每个迭代阶段植入软件测试,使每个阶段的质量得到保证;整个过程具备很高的灵活性,在开发过程的任何阶段自由应对变化;每个迭代阶段累计开发成本,使支出状况容易被掌握;通过对客户反馈的

采集，与客户沟通，以保证客户需求得到最大程度的实现。缺点：过分依赖风险分析经验
与技术，一旦在风险分析过程中出现偏差，将造成重大损失；过于灵活的开发过程不利于
客户与开发者之间协调；由于只适用于大型软件，过大的风险管理支出会影响客户的最终
收益。

5.4.5　统一软件开发过程

软件开发统一过程(Rational unified process，RUP)(图 5-7)，是一种软件工程方法，
为迭代式软件开发流程，最早由瑞理(Rational)软件公司开发，因此冠上该公司的名称。
Rational 公司后来被 IBM 并购，成为 IBM 的一个部门，因此 RUP 又称为 IBM-Rational
unified process。RUP 描述了如何有效地利用商业化的可靠方法开发和部署软件，是一种
重量级过程(也被称作厚方法学)，因此特别适用于大型软件团队开发大型项目。

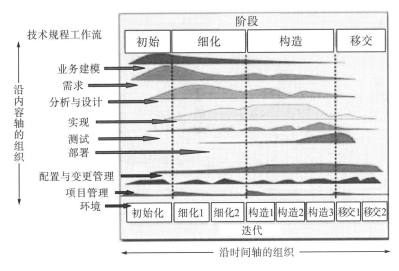

图 5-7　统一过程模型

统一过程模型是一种以用例驱动、以体系结构为核心、具迭代及增量的软件过程模型，
由 UML 方法和工具支持，广泛应用于各类面向对象的项目。RUP 支持可裁减性，可以应
对各种领域的软件和不同的项目规模；蕴含了大量优秀的实践方法，如迭代式软件开发、
需求管理、基于构件的构架应用、建立可视化的软件模型、软件质量验证、软件变更控制
等。RUP 把整个软件开发生命周期分为多个循环，每个循环由四个阶段组成，每个阶段
完成确定的任务，结束前由一个里程碑评估本阶段的工作。

RUP 的二维结构：①横轴按时间组织，显示 RUP 的动态特征，通过迭代式软件开发
的周期、阶段、迭代和里程碑等动态信息表示；②纵轴按内容组织，显示 RUP 的静态特
征，通过过程的构建、活动、工作流、产品和角色等静态概念来描述系统。其中每个工作
流的高度随时间变化而变化，早期的迭代趋向于更多的需求和设计，后期则减少这方面的
工作。

RUP 的静态结构：①6 个核心工作流——业务建模、需求、分析与设计、实现、测试、部署；②3 个核心支持工作流——配置与变更管理、项目管理和环境。

5.4.6　敏捷软件开发

从 20 世纪 90 年代开始逐渐出现一些轻量级软件开发方法，目的是应对快速变化的需求以及大型软件项目开发中采用烦琐的基于计划的方法所造成的负担过重问题。这些轻量级方法包括快速应用开发（rapid application development，RAD）、极限编程（extreme programming，XP）、Scrum 和特征驱动开发（feature driven development，FDD）等。2001年，17 位软件开发人员开会讨论这些轻量级开发方法，随后发布了"敏捷软件开发宣言"，从此敏捷软件开发和敏捷模型开始流行（图 5-8）。

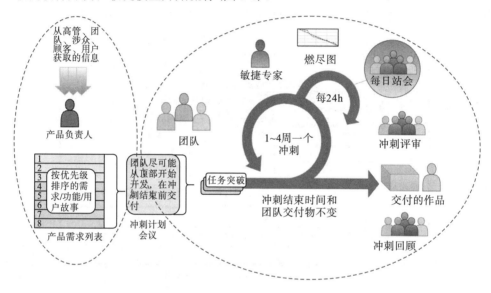

图 5-8　敏捷软件开发流程框架

敏捷软件开发不是一个具体的软件过程模型，而是一套软件开发的思想原则。这些思想原则共 12 项：①最重要的目标是通过尽早和持续交付有价值的软件使客户满意；②即使在项目后期，也要欣然接受不断变化的需求；③经常性地（按周而不是按月）交付可工作的软件；④业务人员和开发人员必须密切合作；⑤激发个体的斗志，以他们为核心搭建项目，提供所需的环境和支持，辅以信任，从而达成目标；⑥面对面的交谈是最好的沟通方式；⑦可工作的软件是项目进展的主要度量标准；⑧持续地向前推进，保持稳定的步伐；⑨坚持不懈地追求技术进展和良好设计；⑩注重简单性，它是最大程度减少不必要工作量的艺术；⑪最好的架构、需求和设计出自自我组织团队；⑫团队定期地反思如何能提高成效，并以此调整自身的行为表现。

大多数敏捷开发方法将产品开发工作细分，因此大大减少了前期规划和设计。迭代和冲刺都是短时间的，通常持续 1～4 周。每个迭代都具有跨功能、跨职能的团队，包含规划、分析、设计、程序编码、单元测试和验收测试。在迭代结束时，将工作产品向利益相关者展示。通过上述方式可让整体风险降至最低，并使产品能够快速适应变化。迭代的方式可能不会一次性增加足够的功能来保证产品可立即发布使用，但是目标是在每次迭代结束时，有一个可用的发行版本，因此完整产品的发布或新功能的实现可能需要多次迭代。

5.5 软件开发方法

5.5.1 开发方法的变化

软件开发在早期基本上没有可遵循的方法，程序员只是根据需要解决的问题按经验直接写代码。当时程序员主要关心的是硬件和软件的关系，以及如何利用这类关系来提升软件的性能。由于没有辅助工具，程序员最担心代码出错，需要不断地花时间进行手动调试。随着软件开发经验的不断积累，开发人员越来越多地研究软件工程方法，以指导软件设计和实现，目的是使软件开发具有系统性，并成为系统化可重复的过程，从而提高软件开发的成功率。50 年来，随着软件解决的现实问题不断深化，软件工程方法不断地出现并得以发展，如从系统功能设计和实现角度出发的结构化方法，从面向现实世界问题中实体关系角度出发的面向对象的方法，以及从面向现实世界问题求解角度出发的非功能性分析和设计方法等。

软件发展的核心是管理复杂性，软件工程的目标之一则是控制复杂性。这在系统实现层表现为"模块化封装"，在系统设计层表现为"结构化抽象"，在问题分析层表现为"关注点分离"。而软件开发的效率和质量一直是软件工程追求的目标之一，基于构件的方法尝试采用大规模复用的手段，提高软件的开发效率，以及提升所开发的软件的质量。面向服务的方法将其他软件提供的服务作为可复用的构件，软件系统则是通过复用并集成来自不同提供方的服务来获得。除此之外，还有其他软件开发和软件工程模式，它们从不同的角度来应对软件开发问题，解决软件危机，尝试找到软件开发的方法。

经过 50 多年的发展，软件解决的实际问题不断深化，软件开发经验不断得到积累，软件开发方法得以持续改进，软件开发方法发展历史中的重要事件如图 5-9 所示。

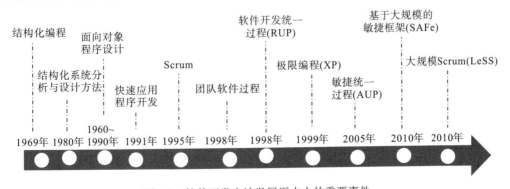

图 5-9　软件开发方法发展历史中的重要事件

5.5.2　结构化系统分析和设计方法

结构化系统分析和设计方法起源于 20 世纪 70～80 年代,是一种用于分析和设计信息系统的瀑布方法。结构化分析利用分层数据流图和控制流图来描述系统的功能模型和数据模型。而结构化设计包括软件体系结构设计、过程(功能)设计和数据设计,如实体关系模型。结构化系统分析和设计方法由很多不同流派的方法综合而成,包括汤姆•狄马克的结构化分析方法,迈克尔•安东尼•杰克逊的 Jackson 结构化编程和结构化设计方法,以及爱德华•纳什•尤顿的 Yourdon 结构化方法等。其倡导的多种建模技术目前仍然是软件系统数据建模和分析方面的重要技术。

(1)逻辑数据建模:识别和记录被设计系统的数据需求,包含实体(业务处理需要记录的信息)、属性(与实体相关的事实)和关系(实体间的关联)。建模结果为实体关系模型。

(2)数据流建模:识别和记录被设计系统中的数据流动,包括数据处理(即将一种形式的数据转换为另一种形式的数据)、数据存储(数据存留点)、外部实体(将数据发送到当前系统或从当前系统接收数据的外部系统)和数据流向(数据通过何种路由流动)。建模结果为数据流模型。

(3)实体事件建模:包括实体行为建模和事件建模,实体建模识别和记录影响每个实体的事件以及事件发生的序列(形成实体生命周期);事件建模则针对每个事件记录其实体生命周期的作用。建模结果为实体生命周期和事件效果图。

5.5.3　面向对象的分析和设计方法

面向对象的分析和设计方法起源于 20 世纪 90 年代。面向对象的分析和设计方法以对象和对象的关系等来构造软件系统模型,其中,对象由封装的属性和操作组成。对象类是具有相似属性、操作和关系的一组对象的描述,是系统建模、设计及实现等活动中可复用的基本单元。面向对象的分析和设计方法强调"开闭原则"(即对扩展开放、对修改封闭),其目的是让软件尽量以扩展新的软件实体(如类、方法等)而非修改已有的软件实体的方式实现所需的变化,从而降低与代码修改相关的风险并保证软件的可维护性。

可以看出,结构化系统分析和设计是将过程和数据分开考虑形成过程抽象,而面向对象的分析和设计则关注从问题域中识别出对象,并围绕这些对象来组织系统需求,通过对象集成系统行为(流程)和状态(数据),形成数据抽象。在设计阶段,面向对象的分析和设计方法侧重于将实现约束作用在分析过程中得到的概念模型上,如硬件和软件平台、性能要求、持久存储和事务、系统的可用性以及预算和时间所施加的限制等,分析模型中与技术无关的概念被映射到类和接口上,进而得到解决方案域的模型,强调利用架构模式和设计模式等指导软件体系结构的设计。

5.5.4　基于构件的方法

基于构件的方法是一种基于复用的软件开发方法。这种方法以软件构件作为基本的复用对象，将软件构造从传统以软件编码工作为主的方式转换为以软件构件集成和组装为主的方式。这里，构件是指软件系统中具有相对独立的功能、可以明确辨识、接口由规约指定、和语境有明显依赖关系、可独立部署且多由第三方提供的可组装软件实体。

与函数和类等复用单元相比，软件构件由于具有多个方面的特性，更适合作为一种系统化的软件复用对象。一方面，软件构件一般粒度较大，实现了相对完整的业务功能，按照某种构件标准进行了良好的封装并且可以独立部署。另一方面，软件构件具有明确的构件描述、环境依赖和接口规约，用户可以通过构件描述查找构件并理解其使用方式，根据环境依赖对其进行部署和配置，同时按照接口规约请求构件的服务。此外，为了实现良好的可复用性，软件构件还应具有较好的通用性和质量，易于组装并提供完善的文档和复用样例。

基于构件的方法包括构件的识别和开发、构件描述和管理、基于构件的应用开发三个方面。构件的识别和开发针对特定业务或技术领域的共性需求和技术问题进行分析，从中识别并抽象出可复用构件，并按照特定构件标准进行实现和封装。构件描述和管理对软件构件进行描述、分类、存储，并提供构件发布版本管理和检索机制，通过建立软件构件库对外提供统一的构件上传、更新、检索等服务。基于构件的应用开发根据应用软件的需求检索并获取可复用构件，并对其进行定制和适配，然后从软件体系结构描述角度出发实现构件的组装，从而实现应用软件的需求。

构件技术的发展还催生出了商用成品构件(commercial off-the-shelf，COTS)，如在信息系统中有着广泛应用的报表构件、文档处理构件等。商用成品构件一般符合特定的构件标准并具有良好的可组装性，由独立的构件开发厂商提供，应用开发厂商通过购买构件获得构件使用权，并通过黑盒的方法进行组装和复用。

5.5.5　面向服务的软件开发方法

面向服务的软件开发方法通过组合可复用的服务实现软件系统的开发，主要关注如何按需、动态地集成现有的服务，从而快速开发出满足新需求的软件系统。服务提供者和服务使用者之间的交互关系具有动态特性，服务公开性和反射性替代了传统的固定式系统集成，开发软件系统时根据系统的需求进行服务装配与组合。此外，服务的松耦合改变了传统以应用程序接口(application programming interface，API)调用进行组件组装的紧耦合方式，系统架构师可以通过动态描述组合服务集合来创建软件系统。

面向服务的开发方法包括以下内容。①面向服务的分析和设计：以服务为中心，根据业务需求识别服务、描述服务，并设计服务的实现方式。②面向服务的开发过程：结合现有开发过程，规划以服务为中心的开发过程中的角色、职责、活动和制品。③面向服务架构的成熟度分析和迁移路线：以服务为中心，分析现有或目标系统的成熟度，并设计从现有成熟度迁移到目标成熟度的路线。④面向服务架构的监管：设计组织和流程，确保面向服务架构的设计原则在服务生命周期中得以贯彻，管理服务生命周期中各种迁移的合理性等。

5.6　软件工程管理

软件工程管理引起广泛注意始于 20 世纪 70 年代中期。当时美国国防部专门立项研究软件项目做不好的原因，发现 70%的项目是因为管理不善，而并不是因为技术实力不够，进而得出一个结论，即软件管理是影响软件研发项目全局的因素，而技术只影响局部。到了 20 世纪 90 年代中期，软件工程管理不善的问题仍然存在，大约只有 10%的项目能够在预定的费用和进度下交付。由此可见，软件工程管理至关重要。软件工程管理和其他工程管理相比有其特殊性。一方面，软件是知识产品，进度和质量都难以度量，生产效率也难以保证；另一方面，软件系统复杂程度超乎想象。

软件工程管理包含三个层次的活动：组织与基础设施管理、项目管理和度量。软件项目管理是软件工程管理的主要组成部分，具体包括项目团队管理、项目沟通管理、项目时间管理、项目成本管理、项目质量管理、项目风险管理等。本节将对软件项目规划、项目团队管理和项目沟通管理进行简要介绍。此外，本节也将介绍最著名的软件过程管理参考模型，即能力成熟度模型和能力成熟度集成模型。

5.6.1　软件项目规划

规划是对实现期望目标所需的活动进行思考的过程，规划具有前瞻性。成功的软件项目是软件开发团队按时间、按成本完成预先约定的任务。软件项目规划对软件项目的成功至关重要。它对软件项目实施所涉及的活动、资源、任务和进度等进行规划，具体包括选择与规划系统开发生命周期(system development life cycle，SLDC)，对工作量、进度和成本进行估算，进行风险评估及管理、资源分配等。

软件项目规划的第一步是选择合适的软件开发生命周期模型，可根据项目范围、软件需求与风险评估对其进行裁剪。此外，还应考虑的因素包括应用领域的特性、功能与技术的复杂性以及软件质量要求。同时，制订计划时要对即将要使用的工具做好计划和进行采购，这些工具包括项目规划工具、软件需求工具、软件设计工具、软件配置管理工具、软件工程过程工具、软件质量工具等。第二步是进行风险评估，风险评估是制定初始项目计划时应该考虑的因素，所有项目干系人应该对"风险预测"开展讨论并最终达成一致。风险管理负责风险因素的识别、风险因素可能性与潜在影响的分析、风险因素的优先级排序和风险缓解策略的制定，目的是降低风险因素变成风险的可能性，并将其负面影响最小化。为了识别和评价风险因素，可使用专家判断、历史数据、决策树和过程模拟等风险评估方法。同时，也可与所有项目干系人讨论后确定项目放弃条件。

软件项目估算包括对进度、工作量和成本的估算，是软件项目规划的关键。常用的估算方法包括专家判断、类比估算和参数估算。其中专家判断指由专家借鉴历史信息或以往类似项目的经验，提供软件项目估算所需的信息，或直接给出估算值；类比估算指通过对新项目与一个或多个已完成的类似项目的对比，预测新项目的成本、进度、工作量等；参数估算则指利用基于历史数据的经验模型拟合出估算模型，以规模、可靠性、复杂度、开发人员的能力等因子作为参数，进行分析和计算。软件项目估算是迭代性活动，必须在受影响的干系人之间进行协商和修订，直到对完成项目所需的资源和时间达成共识。

现有的一些自动化估算工具，会根据软件产品的规模和工作量等数据建立估算模型，将对当前项目的估算和其他特性作为输入，估算出所需的总体工作量、进度和成本。此外，规划工具还包括自动化进度安排工具，其通过在工作分解结构中分析任务及其持续时间、优先级关系以及分配给每一个任务的资源，使用甘特图等建立任务之间的依赖关系，标识出任务并行或顺序执行的潜在机会，从而建立进度表。

事实上，软件项目很少会按最初的计划执行。项目会受内部和外部因素(新需求、问题、干系人等)影响，这些因素存在于一个有各种相互作用的系统中。项目中的某些要素可能会失败或达不到预期，此时就需要项目团队重新组合、重新思考和重新规划。而软件项目通常是在团队合作背景下展开的，因此项目团队管理至关重要。

5.6.2　项目团队管理

软件工程要求必须能够与他人进行真合作性和建设性的互动以首先确定并满足来自双方的需求和期望。软件项目开发是一种团队协作的活动，项目成员在整个项目开发过程中扮演不同的角色，承担不同的项目职责，每个成员需要遵守团队合作的规范。项目团队管理是指由于组织的事务性质不同，由各种性质的团队来提供意见、决定或执行组织的各种事务。换言之，团队管理是通过团队参与的管理，而非由少数人独自决定或执行。

项目团队管理可以是集中式的，也可以是分布式的。在集中式团队管理中，通常由一个项目经理或类似的角色对成果负责，他可以组建软件开发项目团队，以实现软件的开发。在分布式团队管理中，有时项目管理由项目管理团队所有成员共同实施，而项目团队成员则负责完成技术工作，如图 5-10 所示。它将技术与管理工作分离，技术负责人负责技术上的决策，管理负责人负责非技术性事务的管理决策和绩效评价。在一些情况下，项目团队可能会通过自行组织来完成项目。此时团队成员完全平等，成员之间通过协商做出决策，不会指定项目经理，而是让项目团队中的某个成员充当沟通、协作和参与的引导者，此角色可能由项目团队成员轮流担任。这种方式特别适合规模小、能力强、习惯于共同工作的软件开发小组。

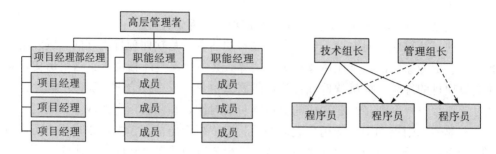

图 5-10　分布式项目团队管理

5.6.3　项目沟通管理

"智慧、专业技术、经验三者只占成功因素的 25%，其余 75%取决于良好的人际沟通。"沟通是你被理解了什么，而不是你说了什么。软件项目开发是一种涉及多方利益的活动，包括客户、团队协作者和业务合作伙伴。

项目开展过程中的沟通包括与客户的沟通、与利益干系人的沟通和团体内部的沟通。

1. 与客户的沟通

在项目开展过程中与客户的沟通一般属于例行的正式沟通。在项目开始阶段，为了确认客户需求，需要开展与客户的沟通。通过沟通，让客户明确自己提出的需求最终将呈现为什么样的产品。

2. 与利益干系人的沟通

一切项目管理活动首先应着眼于各利益相关方，项目管理的首要任务是识别项目利益干系人及其角色，因为每个项目的利益干系人及其需求千差万别。在项目实际操作过程中，有显性的利益干系人，也有隐性的利益干系人。显性利益干系人一般容易识别，包括项目经理的直接主管、参与项目部门的直接主管、提出需求的客户等；隐性利益干系人包括提出需求的客户的直接主管和与项目实施相关的(销售、市场和服务)部门等。

3. 团体内部的沟通

项目开发团体内部沟通需要遵循"尽早沟通"和"主动沟通"两个主要原则。"尽早沟通"要求团队管理者要有前瞻性，定期和项目成员沟通，这样不仅容易发现当前存在的问题，还能让很多潜在问题暴露出来，沟通得越晚，问题暴露得越迟，损失越大。"主动沟通"是项目开展过程中应持有的沟通态度，它不仅能使各利益相关方建立紧密的联系，还能提高沟通双方的满意度。只有在整个软件产品开发过程中保持与各利益相关方的良好沟通，才能使项目团队最终完成的产品符合客户需求。

沟通工具和方式可向项目干系人提供及时、一致的信息。这些工具和方式包括向团队成员和利益干系人发送邮件、定期安排项目会议、制作能展示进度的图表、发布待办事项和维护请求决议等。

5.6.4　能力成熟度模型

能力成熟度模型(capability maturity model，CMM)用于衡量软件企业的开发管理水平，既可作为软件发包方评估承包方执行能力的参考标准，也可以被软件企业作为软件流程改进工作的参考模型。它可以从多个方面反映一个软件企业的实力以及成熟度。

CMM 包括 5 个成熟度级别，即初始级、可管理级、已定义级、量化管理级、优化管理级，涉及 17 个核心过程，具体描述如下。

(1)初始级：软件过程是无序的，有时甚至是混乱的，对过程几乎没有定义，成功取决于个人努力，管理是反应式的。

(2)可管理级：建立了基本的项目管理过程来跟踪费用、进度和功能特性；制订了必要的过程规范，能借鉴类似应用项目取得的成功经验。

(3)已定义级：已将软件管理和软件工程两个方面的过程文档化、标准化，并综合成标准软件过程；所有项目均使用经批准、剪裁的标准软件过程来开发和维护软件，软件产品的生产在整个软件过程中是可见的。

(4)量化管理级：分析对软件过程和产品质量的详细度量数据，对软件过程和产品都有定量的理解与控制；管理有做出结论的客观依据，管理能够在定量的范围内预测性能。

(5)优化管理级：过程的量化反馈和先进的新思想、新技术促使过程持续不断改进。每个等级都由几个过程域组成，这几个过程域共同形成一种软件过程能力。每个过程域都有一些特殊目标和通用目标，通过相应的特殊实践和通用实践来实现目标。如果一个过程域的所有特殊实践和通用实践都按要求得到实施，就能实现该过程域的目标。

5.6.5　能力成熟度模型集成

能力成熟度模型集成(capability maturity model integration，CMMI)是一种改进过程的方法，其目的是协助提升组织的绩效。CMMI 可用来引导整个项目、整个部门乃至一个完整组织的过程改进。在软件工程和组织发展领域，CMMI 能够向组织提供用于有效的过程改进的基本元素。

CMMI 的目的是通过将许多不同的模型集成到一个框架中，改进成熟度模型的可用性。

CMMI 原先面向软件工程，但是近年已经被高度一般化，涉及其他领域，如硬件产品的开发、业务的交付以及产品和服务的采购。

CMMI 目前致力于三个领域，即产品和服务开发、服务创建和管理以及交付、产品和服务采购。

CMMI 存在两种表现方式：持续的和分阶段的。持续的表现方式被设计为允许用户聚焦特定的被认为对企业眼下的商业目标而言非常重要的过程，或企业对其指派一个高程度风险的过程。分阶段的表现方式提供了从 SW-CMM 到 CMMI 的轻松迁移。

CMMI 实施时有连续式和阶段式两种方式。在阶段式中有 5 个等级，由于第一级初始级是组织的初始状态(可以认为每一个没有通过CMMI评估的公司或组织都处于初始级),故成熟度级别评定针对2~5级。以下描述了CMMI-DEV中的成熟度级别。

(1)成熟度级别 2——可管理级,包含 7 个过程域,分别为配置管理(configuration management,CM)、度量和分析(measurement and analysis,MA)、项目监控(project monitoring and control,PMC)、项目计划(project planning,PP)、过程和产品质量保证(process and product quality assurance,PPQA)、需求管理(requirements management,RM)、供应商协议管理(supplier agreement management,SAM)。

(2)成熟度级别 3——已定义级,包含 11 个过程城,分别为决策分析和决议(decision analysis and resolution,DAR)、集成的项目管理(integrated project management,IPM)、组织级过程定义(organizational process definition,OPD)、组织级过程聚焦(organizational process focus,OPF)、组织级培训(organizational training,OT)、产品集成(product integration,PI)、需求开发(requirements development,RD)、风险管理(risk management,RSKM)、技术解决方案(technical solution,TS)、验证(validation,VAL)、核查(verification,VER)。

(3)成熟度级别4——量化管理级,包含 2 个过程域,分别为OPP(organizational process performance,组织级过程绩效)、QPM(quantitative project management,量化的项目管理)。

(4)成熟度级别5——优化管理级,包含 2 个过程域,分别为CAR(causal analysis and resolution,因果分析和决议)、OPM(organizational performance management,组织级绩效管理)。

5.7 本 章 小 结

软件是无形的人工制品,具抽象而复杂的逻辑概念结构。短短近70年的发展,已使得软件从最初与硬件捆绑销售的依附品,成长为如今"软件定义一切"的必需品。这个成长过程不是一帆风顺的,软件危机便指出了软件开发曾经面临的诸多困境。为了应对软件危机,软件工程被提出,开发人员希望软件也通过系统化、工程化的方法和技术进行开发和维护。随着信息技术的发展和应用需求的不断扩展,在这半个多世纪的时间里,软件工程方法、过程与工具等得到不断发展。

软件开发主要包括需求分析、软件设计、软件构造、软件测试等活动,每一个活动完成特定的任务。其最终目的是创建一个可运行的软件解决方案以满足现实世界的需要,解决真实的应用问题。而现实中应用问题多种多样,软件也复杂多变,于是逐渐形成了不同的软件过程模型,如瀑布模型、增量模型、敏捷模型等,它们通过不同的方式与原则组织这些软件活动,以满足不同开发情境的约束与需要。

软件开发方法提供了系统化规约、设计、构建、测试和验证最终的软件及相关产品的途径。有些方法可能只关注软件生命周期的特定阶段,有些可能涵盖整个软件生命周期。本章简要讲述了软件开发方法的发展变化,并详细介绍了四种方法,包括结构化方法、面向对象的方法、基于构件的方法和面向服务的方法。

最后，本章介绍了软件工程管理方面的内容。软件工程在应对软件危机时，不仅从技术上，而且也从管理上解决面临的问题。借鉴其他领域管理学的内容，结合软件工程的特点，软件工程管理需加强软件项目管理，包括软件项目规划、项目团队管理、项目沟通管理等。此外，软件过程改进和管理也不容忽视，CMM 与 CMMI 是此方面的经典模型。

随着信息技术的不断发展，软件的应用场景将越来越复杂，软件工程面临着新的挑战，但我们相信，软件工程将与时俱进、持续向前发展。

思考练习题

1. 软件的特点有哪些？
2. 软件包括哪些组成部分？
3. 软件的发展大致经历了哪些阶段？
4. 软件生命周期包含哪三个阶段，每个阶段的主要任务和目的是什么？
5. 什么是软件危机，原因和表现各是什么？
6. 请查阅资料，举一个软件危机的案例，说明其中软件危机的表现，并分析原因。
7. 软件工程三要素是什么？软件工程的目的是什么？
8. 请简要描述一个软件的开发过程。
9. 请列举三个迭代式软件过程模型。
10. 瀑布模型、螺旋模型和敏捷开发模型的优缺点是什么？
11. 请列举 5 个敏捷软件开发原则。
12. 结构化方法与面向对象分析和设计方法的区别是什么？
13. 软件复用是提高软件开发效率的方法，请列举两个基于复用的软件开发方法。
14. 软件团队管理有哪些方式，各有什么特点？
15. 什么是 CMM 和 CMMI，它们的关系与目的是什么？

第6章 软件人才与教育

我认为这个国家的每个人都应该学习编程，因为它会教你如何思考。

——史蒂夫·乔布斯

软件因可编程通用计算机的发明而诞生，并逐步发展演化为信息化时代人类文明的新载体。软件工程因软件危机的挑战而诞生，并且也逐渐成为计算机科学中不可或缺的重要内容。伴随着信息化进入网络化、智能化的新阶段，人-机-物融合泛在计算时代正在开启，计算无处不在，软件定义一切、赋智万物。在这个新时代，我们要比任何时候都重视软件人才的培养与教育。

软件人才、教育和软件产业密切相关。因此，本章将首先概述软件产业的概念，介绍软件类型和领域，回顾软件产业的形成和发展历程，然后介绍软件职业的发展，而后揭示软件人才相关评价体系，接着回顾软件工程教育的根源与发展历程，最后阐述软件工程教育的特点。

6.1 软 件 产 业

软件产业是为有效地利用计算机资源而从事计算机程序编制、信息系统开发和集成及相关服务的产业。软件产业涵盖了软件企业、软件产品和服务、软件从业人员(特别是开发者)等众多要素，它们之间相互影响、相互依存。

6.1.1 软件类型与领域

软件是可以独立于硬件存在的产品，针对不同目的、具有不同功能特点的软件逐渐形成独立的门类。关于软件的分类，不同国家、组织和学者有不同的分类标准。例如，国际数据公司将软件细分为应用解决方案、应用开发及部署软件和系统基础软件。这里，本书采用国内的分类标准，将软件分为软件产品和软件服务两大类，然后从共同功能、应用/技术领域的视角对它们进行进一步分析，以加深读者对软件及其产业的理解。

1. 软件产品

软件产品按共同功能可大致分为基础软件(包括系统软件和支撑软件，这里不单独细分这两个类别)和应用软件两大类。基础软件是管理计算机硬件行为的软件,给用户提供所需的基本功能。可以说,基础软件是用户和计算机硬件之间的一个中介或中间层(图 6-1),它为其他软件的工作提供了一个平台或环境。因此,基础软件在整个计算机系统中非常重要。典型的基础软件:操作系统,如 Windows、Android、Linux;设备驱动软件,如打印机、USB、VGA、声卡的驱动软件;固件,它是嵌入只读存储器中的(半)永久性软件,承担着一个系统最基础、最底层的工作,如计算机主板上的基本输入/输出系统 BIOS。

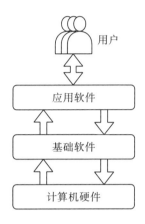

图 6-1　计算机系统中软件产品分类及其相互关系

　　中间件也是一种重要的基础软件。它与操作系统、数据库系统并称为三大系统软件,但相比操作系统和数据库系数,中间件产品出现得更晚。一般认为,中间件是网络环境下处于操作系统等系统软件和应用软件之间的一种起连接作用的分布式软件。1968 年出现的将应用软件与系统服务分离的 IBM CICS 交易事务控制系统可以被看作中间件产品的萌芽。它在面向最终用户的应用功能与面向机器的系统服务之间提供了中间层的封装,使得各个层次的关注点更加集中。到了 20 世纪 90 年代,互联网的出现使网络应用和分布式应用登上历史舞台,而其中涉及通信、协同等源于异构性的大量共性问题,复杂性较高,需要专门的软件产品来处理。一般认为 AT&T 公司贝尔实验室于 1990 年推出的用于解决分布式交易事务控制的交易中间件 Tuxedo 是中间件产品诞生的标志。此后,消息中间件、应用服务器中间件、应用集成中间件(企业服务总线 ESB 等)、业务架构中间件(业务流程管理 BPM 等)等各类中间件产品迅速发展起来。典型的中间件厂商包括国外企业 IBM、Oracle、BEA 等,开源产品组织 Apache、JBoss JOnAs 等,以及国内企业金蝶、东方通、中创、普元等。

　　应用软件,也称为最终用户程序或生产力程序,是帮助用户完成任务的软件,如编辑文字、设置闹钟、画图、进行计算、玩游戏。它也可以称为非必要的软件,因为对它的需求是非常主观的,没有它不会影响整个系统的运作。应用软件位于基础软件之上,与基础软件不同的是,它由最终的用户使用,有特定的功能或任务。例如,浏览器是一个专门用于浏览互联网的应用软件，WPS Office 是一个专门用于制作和浏览文稿的应用软件。我们在各种手机应用商城或微软应用商城里看到的所有应用，包括专门用于支持应用程序开发的软件(如 Eclipse、Visual Studio、Docker 等)，都是应用软件的例子。应用软件可根据其用户对象与应用目的分为企业软件(包括企业管理信息系统等软件)和个人软件，也可根据其应用领域分为工业软件、教育软件、仿真软件、多媒体开发软件等。

工业软件是一类典型的面向领域的应用软件，是支撑传统工业企业信息化、提升传统工业企业管理水平的重要软件产品簇。工业软件按涉及的工业业务领域可分为研发设计类软件和业务运营管理类软件。随着工业生产和研发复杂性提升，各个研发领域如计算机辅助设计(CAD)、辅助工程(CAE)、辅助制造(CAM)、辅助工艺规划(CAPP)、产品数据管理(PDM)、产品全生命周期管理(PLM)等涌现了大量的商业化软件产品，为相关业务领域带来了显著的生产力优势，很快在各个行业得到普及。

2. 软件服务

随着云计算、移动计算等技术的发展和普及，一些以销售软件产品为主的软件企业开始向云化、服务化转型。软件服务，即服务化的软件，开始流行。服务化的软件的核心价值主要以网络服务的形式呈现。软件企业大量采用云计算技术提升用户服务能力；同时，软件的用户能够在各类终端上通过网络按需获取所需要的软件服务。

社交类软件和云计算服务是两个典型的服务化软件领域。Web 2.0 时代的到来，使在线交流变得更加便捷，也催生出了诸如脸书(Facebook)、推特(Twitter)以及国内的微博等社交类网站。社交不再局限于通讯录中固定的联系人，互不相识的人之间的互动变得更加频繁，甚至还出现了以陌生人社交为主要业务的软件产品，以及面向职业人士的 LinkedIn 等软件产品。而移动互联网的兴起带来另一场变革，智能手机用户普及率高且便于随身携带，使得通过智能手机随时在线使用社交媒体软件成为可能，由此催生出了新一代的社交类产品，如微信、Telegram、Line、WhatsApp 等。传统的即时消息服务软件(如 QQ 等)，也扩展出游戏等增值服务。围绕这些应用软件，形成了大量外围软件服务，涉及电子商务、在线支付、招聘择业、娱乐游戏、社会信息服务、在线通信等众多领域，几乎涵盖了社会生活的方方面面。可以说，在新型软件技术的支撑下，社交软件产业生态已经影响当今社会的主要生活方式。

云计算服务是新型服务化软件背后的重要技术支撑，提供了大规模并行化、定制化的服务能力。其中，虚拟化技术是云计算服务的基础。尽管早期的虚拟化技术往往以桌面产品的形式出现，但随着互联网技术的发展和云计算需求的扩大，许多厂商如亚马逊、微软、谷歌、百度、阿里巴巴、华为等，都在虚拟化技术的基础上提供了不同层次的在线服务，包括基础设施即服务(IaaS)、平台即服务(PaaS)、软件即服务(SaaS)。基础设施即服务提供在线计算资源和基础设施，如亚马逊、阿里巴巴、华为等厂商的云服务器租赁等服务。平台即服务提供在线的应用开发和发布解决方案，能提升应用开发和运行的灵活性，如 Google App Engine、微软 Azure、Force.com 等。软件即服务是在线化的软件形态，面向最终的软件用户，以在线服务的形式提供面向领域的软件功能，如 SalesForce 的 CRM 系统、Cisco 的 WebEx 等。不同厂商在推出相应的云计算服务时，往往会提供 IaaS、PaaS、SaaS 中的一层或多层服务，建立各自的服务生态；而不同软件厂商的软件产品和服务间相互竞争、相互补充，进而构成更加复杂的云计算服务软件产业生态。

3. 软件领域

软件领域随时代的发展不断变化，目前关键软件领域主要包括五大类软件：关键基础软件、大型工业软件、行业应用软件、新型平台软件、嵌入式软件，如图 6-2 所示。

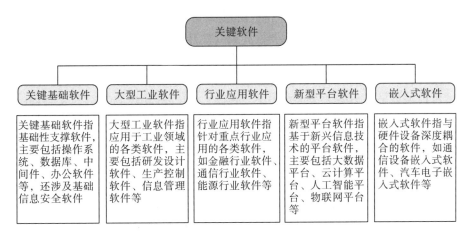

图 6-2　关键软件

6.1.2　软件产业发展历史

软件产业脱胎于计算机产业的发展和进步，与软件技术相互影响、相互促进。软件产业的形成与发展遵循产业分化和进步的一般规律。图 6-3 展示了软件产业发展历史概貌。

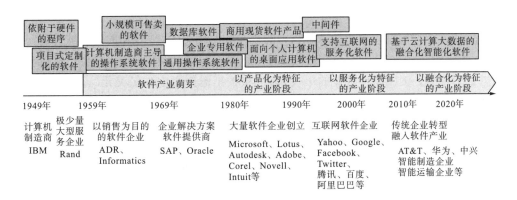

图 6-3　软件产业发展历史概貌

1. 项目式定制化的软件

早期的计算机软件大多附属于计算机硬件。直到 20 世纪 50 年代，软件还主要以项目的形式进行定制化开发，即每次为一个客户提供一个定制的软件，包括技术咨询、软件编程和软件维护。软件销售是一次性的，不可复制。这些软件开发项目往往由政府主导，并服务于国防等关键部门，并且只有少量大型软件服务企业参与研制。

2. 软件产业萌芽

20 世纪 60 年代，随着计算机硬件能力的提升，软件的规模日益庞大。但由于开发过程复杂，出现了软件危机，软件的重要性和独立性开始逐渐显现。20 世纪 60 年代中期，出现了一些具有特定用途、可以被售卖给多个客户的程序，它们具有一些产品化的特性，但销售量低。第一个真正的软件产品诞生于 1964 年，它是由 ADR 公司接受 RCA 委托开发的一个可以形象地代表设备逻辑流程图的程序。而与此同时，软件开发和管理中的大量现实问题促使业界开始思考软件开发的独特之处。1968 年软件工程的概念被提出，标志着对软件及其开发方法的研究进入了一个新的阶段，也预示着软件开发将向工程化方向发展。1969 年，IBM 宣布软件可作为独立于硬件单独售卖的商品。到 20 世纪 70 年代末，绝大多数软件应用程序仍按需定制并在主机或微机上运行。在这一阶段，软件厂商已经开始发展起来，并且开始认识到大规模复杂软件开发中的一些问题，推动了软件工程理论的发展。

3. 以产品化为特征的软件产业

第一批"个人"计算机是 1975 年诞生于美国 MITS 的 Altair 8800，苹果 II 型计算机于 1977 年上市，但是这两个平台都未能成为持久的个人计算机标准平台。直到 1981 年 IBM 推出 IBM PC，一个新的软件时代才正式开始。随着微型计算机的大规模普及，大量软件得到了广泛的使用，软件企业以此为契机迅速发展，开启了以软件产品为销售对象的商业模式，也由此掀起了以数字化为主要特征的第一次信息化浪潮。在这一时期，软件真正开始形成独立的产业，不仅有大量的软件开发企业和开发者，还出现了更加广大的软件产品市场和用户，并且软件越来越独立于特定的计算机硬件。

微软是这个时代最成功和最有影响力的代表软件公司，其他成功的代表软件公司还有 Adobe、Autodesk、Corel、Intuit 和 Novello。总体上，20 世纪 80 年代软件产业以激动人心的增长率发展。美国软件产业的年收入在 1982 年增长到 100 亿美元，在 1985 年则为 250 亿美元，比 1979 年高 10 倍。

4. 以服务化为特征的软件产业

当计算机开始普及时，软件是建立在计算机平台的基础上的。从 20 世纪 90 年代中期开始，以美国提出"信息高速公路"建设计划为重要标志，互联网逐渐实现了大规模商用，迎来了以网络化为主要特征的第二次信息化浪潮。网络逐渐成为软件产品新的平台，大量基于网络的软件不断涌现，大大推动了软件产业的发展。软件从以单机应用为主逐渐转变为具有网络化交互特征。大量带有社会化特征的软件开始蓬勃发展，形成了以互联网为基础、以服务化为特征的软件产业生态。

5. 以融合化为特征的软件产业

当前，随着以智能化为主要特征的第三次信息化浪潮的到来，软件产业正在发生新的变化，形成以融合化为特征的新型软件产业。在这个新型的软件产业生态中，软件产业与传统产业的边界开始模糊，很多传统产业越来越多地引入软件作为本产业能力提升的途径。一些企业不仅使用现成的软件产品与服务，而且还积极开展业务转型，加强对软件研发的投入，客观上有向软件企业转型的趋势，形成产业的融合化态势。

从软件本身来看，软件已经不再局限于运行在计算机设备上，还进一步覆盖了多种智能移动终端、感知设备甚至人。人-机-物融合是新型软件产业生态中的典型场景。得益于小型与微型终端设备、智能终端设备的普及，新型物联网应用促使软件开发商、硬件制造商、服务提供商、系统集成商等共享智能化、融合化的软件市场，形成更加多元化的软件产业。例如，在智能家居场景中，各类智能家居设备通过软件定义的方式接入智能家居总控软件，用户能通过在智能手机中安装远控软件实现对家中设备的远程查看、管理和控制。与生活密切相关的传统生活电器产业也产生了大量的智能软件研发需求，为软件产业提供了巨大的潜在发展空间。而近年来从线上到线下（O2O）的服务模式，以共享单车、共享汽车为代表的共享经济模式，无不体现了软件与各行业融合的全新产业生态。

6.1.3　中国软件产业

中国软件市场化、产业化起步于改革开放之后。20 世纪 80 年代初，原国家电子计算机工业总局颁布试行《软件产品实行登记和计价收费的暂行办法》，软件开始作为独立的商品。此后，国家法律法规和产业政策不断完善，并全面开放计算机市场，我国软件产业迅速形成并壮大。20 世纪 90 年代，中国借鉴美国和印度等软件产业发达国家的经验，探索软件园的发展模式，集中地区产业优势、集成地方资源和高新区政策优势，建设软件产业集聚区。科技部从 1995 年开始试点，东大软件园是最早被认定为"国家火炬计划软件产业基地"的软件园。经过 30 多年的发展，到 2021 年全国软件园区超过 200 个。

不过在改革开放初期，我国软件核心技术产业受制于人的问题较为突出。20 世纪 80 年代末，政府和业界就支持和鼓励国产自主操作系统开发和发展逐步达成了共识。在"九五"国家重点科技攻关项目支持下，中国计算机软件与技术服务总公司、北京大学、南京大学等单位研发了国产系统软件平台 COSA，包括操作系统 COSIX、数据库管理系统 COBASE 和网络系统软件 CONET 三部分。2000 年 6 月国务院发布了《鼓励软件产业和集成电路产业发展的若干政策》。2006 年，国务院发布的《国家中长期科学和技术发展规划纲要(2006—2020 年)》,将"核高基"(核心电子器件、高端通用芯片及基础软件产品)项目确立为推进我国信息技术发展的 16 个重大专项的核心部分之一,并明确了发展基础软件的目标。2011 年 1 月,国务院再次发布《进一步鼓励软件产业和集成电路产业发展的若干政策》,提出要进一步优化软件产业和集成电路产业发展环境,提高产业发展质量和水平,培育一批有实力和影响力的行业领先企业。相关政策计划的颁布和实施,极大地促进了国产系统软件产品的研制和发展,产业规模迅速扩大,技术水平显著提升。国内先后开发了多种基于 UNIX/Linux 技术体系的国产操作系统(如麒麟、深度、红旗等操作系统),并在政府、教育、电信、金融、电力等行业大范围应用。

近 10 年来,中国软件规模迅速扩大。根据工业和信息化部发布的《软件和信息技术服务业统计公报》,2011~2021 年,我国软件产业收入(包括软件产品、信息技术服务、嵌入式系统软件和信息安全)从 1.880 万亿元增加到 9.499 万亿元,软件业从业人数从 344 万人增加到 809 万人。信息技术服务加快云化发展,软件应用服务化、平台化趋势明显,嵌入式系统软件收入涨幅扩大。2021 年信息技术服务实现收入同比增长 20.0%,增速高出全行业平均水平 2.3 个百分点,占全行业收入的比重为 63.5%。其中,电子商务平台技术服务同比增长 33.0%;云服务、大数据服务同比增长 21.2%。

6.2 软件人才

当今企业不仅要在软件产品市场和软件服务市场这种商业市场上竞争,还需要在人才市场上竞争,因为商业市场上的成功是由人才市场上的成功决定的。对于以智力密集型生产为典型特征的软件企业而言,软件人才是软件技术、产品研发和服务创新的关键要素,是企业创造价值、持续成长的核心竞争力所在。巴利·玻姆曾指出,除产品本身的规模之外,人才因素在决定开发一个软件产品所需工作量方面具有最大的影响力。软件人才主要包括开发者、维护者等,他们是软件生态中的参与者,是影响软件质量和开发效率的关键因素,也是软件生态中最核心的角色之一。

6.2.1 软件职业的发展

随着软件产业逐渐壮大以及对各个产业领域的渗透,软件产业生态范围扩大,催生出各种各样的软件职业,并且软件职业分工不断细化。

随着第一台电子计算机问世,以编程为职业的人开始出现,他们多是经过训练的数学家和电子工程师。直至今日,程序员仍然在软件职业中占有重要地位。区别于过去的计算员,程序员的工作是富有创造性的、非重复的,他们运用自己的想象与逻辑创建对他人有用的事物,即软件。

随着软件产业与软件工程的发展,程序员有了更职业化的名称,即软件工程师。同时,其职责也更加细化,但主要集中于软件构造上。而定义软件功能和性能等与需求相关的工作由产品经理、产品负责人或系统分析师分担，软件设计的相关工作由架构师、UI 设计师和用户体验设计师等负责，软件测试的相关工作由软件测试工程师担任，软件生命周期中运行与维护阶段的相关工作则衍生出运维工程师岗位。此外，还有质量保证工程师负责保障整个生命周期中的软件质量。不仅如此，随着软件系统变得越来越复杂与庞大，软件工程师也细化出不同的岗位，如前端开发工程师、后端开发工程师等。随着人工智能等新兴技术的蓬勃发展，现在出现了更加细分的岗位，如大数据工程师、AI 算法工程师、云计算工程师，甚至人工智能数据标注员（非软件专业人员也可以胜任这份工作）。

6.2.2　软件人才评价

曾经在相当长一段时间里，学历在人才评价中被作为关键指标，甚至被许多企业视为唯一的指标。随着我国软件产业不断发展成熟，企业在用人方面也不断成熟和理性化，逐渐形成了多视角、多维度的软件人才评价体系。对软件人才的评价，不再唯学历是瞻，而是从一个人具有的并能带到工作中去的知识技能、工作经验、胜任能力及行为模式、工作动力等多个方面进行评价。

目前，对软件人才的评价主要可分为两类视角。①以个体为核心的视角，可以帮助个体更好、更全面地认识自己，形成对自我的准确描述。②以岗位为核心的视角，有助于企业甄别、任用软件人才，并为团队建设提供依据。

1. 以个体为核心的视角

以个体为核心的评价视角，侧重对软件从业者掌握的专业知识和具备的专业技能进行评价。从这类视角出发的软件人才评价，一般的表现形式为业界公认且通用的标准化评测。目前，国内针对软件人才的主流评测主要有计算机技术与软件专业技术资格（水平）考试，以及中国计算机学会的计算机软件能力认证。国际上，IEEE 计算机协会推出了认证软件开发专家（CSDP）和认证软件开发助理（CSDA）认证考试。IBM、微软、华为和其他公司也有自己的面向特定技术的认证考试。

从个体出发的软件人才评价，主要体现在两个维度上，即知识与技能。这里，知识主要泛指与软件相关的专业知识；技能则是指在专业知识的基础上，形成的软件开发能力。

2. 以岗位为核心的视角

以岗位为核心的评价视角，在评价软件从业者能力的基础上，侧重于软件从业者与特定职位的匹配。从这类视角出发的软件人才评价，一般由用人企业主导，企业依据内部的岗位设置，结合软件从业者个人能力进行综合评价。而不同的软件企业，可能具有不同的评价体系。目前，国际上通用并被国内许多软件企业采用是信息时代的技能框架（the skills framework for the information age，SFIA）框架。比如，东软就以 SFIA 框架为基础，构建了东软的职位能力模型框架。

从岗位出发的软件人才评价，主要体现在岗位对人才的细化要求上。目前国际上通用的 SFIA 软件人才评价框架，采用了两个维度的度量：①工作领域，即软件工作中的岗位分类；②责任级别，责任级别共有 7 个(图 6-4)，从级别 1 到级别 7，责任依次增大。每个级别的定义都描述了要达到该级别个人应具备的行为、价值观、知识和特征。例如，要达到级别 3，所应具有的技能包括设计、编码、验证、测试、记录、修正和重构适度复杂的程序/脚本；能应用约定的标准和工具，达到精心设计的效果；能监督和报告进展情况；能识别与软件开发活动相关的问题；能提出解决问题的实际方案；能视情况与他人合作评审。

级别7	制定战略、激发与动员
级别6	发起与影响
级别5	确保与建议
级别4	使能
级别3	应用
级别2	协助
级别1	遵循

图 6-4　SFIA 中的 7 个责任级别

6.2.3　软件人才的技能

如今软件技术与软件产业生态不断变化，为了保持竞争力，软件人才需要具备广泛的技能，不仅包括技术性技能，还包括非技术性技能或者软技能。研究表明，虽然技术性和非技术性技能都很重要，但最关键的技能以及最需要的技能是软技能，如项目管理、业务领域知识和人际交往能力。这些技能至关重要，因为它们能使 IT 部门与其他部门、内部用户、外部客户和供应商进行有效合作。软技能可以利用技术性技能来提高企业在设计和提供解决方案时的整体效率。在今天这个持续快速变化的环境中，各种技能的组合对于软件人才来说是必不可少的，只有具备足够广泛的知识和技能才能满足日益增长和复杂的职业需求。

1. 技术性技能

技术性能力主要是指对各种信息技术(包括软件工程中的方法、过程、工具等)的掌握与运用能力，如编程能力、软件测试能力、对特定领域技术的应用能力。通常会认为对软件从业者来说，技术性技能才是核心，但研究表明，技术性技能最有可能被外包，而非技术性技能则最不可能被外包。

技术性技能大体可分为三类。①基础性技术技能，包括编程、测试、数据库设计和支持/服务台工作等能力,这些技能为进入软件开发领域奠定了基础,也是向更高级技能(如系统分析、系统设计和项目管理)发展的必要条件。②操作技能,包括运营支持、托管、灾难恢复和维护大型机/遗留系统等技能,这些技能通常需要深入且专门的知识。对操作技能的掌握有助于开发出具有成本效益的 IT 解决方案,因此这些技能也有助于软件人才的长期发展,扩大软件人才的技能组合。③根本性技术技能,是开发符合需求的解决方案不可或缺的能力,包括对系统分析、系统设计和 IT 架构/标准的熟练掌握。根本性技术技能建立在基础性技能和操作技能的基础上,使软件人才能够利用公司的资源,为公司解决问题并发现机会。

2. 非技术性技能

非技术性技能可被看作软件人才理解、开发和提供有效解决企业或业务问题的能力,大致包括项目管理能力、问题/机会洞察能力和人际及沟通技能。项目管理能力使一个人能够计划、组织、领导和控制参与项目的活动和人员。随着全球化的日益蔓延,软件项目正在扩大其范围,往往涉及多个地点、组织,以及不同语言和文化,这就对整合和风险管理技能提出了要求。问题/机会洞察能力涉及对公司、行业业务环境的理解,包括理解、设计和重新设计业务流程的能力,以及管理变更所需的其他技能。了解自己的行业和企业对于开发成功的系统至关重要,而了解业务流程和与变更管理有关的问题,对于成功解决业务问题和发现利用 IT 的机会至关重要。拥有这些技能的软件人才能更好地诊断问题,识别机会,并评估软件相关解决方案的价值。

人际技能包括管理关系和让非技术人员参与企业相关 IT 活动的技能。与客户沟通并建立良好关系是谈判和管理软件需求、项目期限和期望交付日期的关键。强大的人际交往能力可以让软件人才与他人进行良好的沟通和合作,从而更有效地开发和提供技术解决方案。

沟通技能是指收集和发送信息的能力,通过书写、口头与肢体语言,有效与明确地向他人表达自己的想法、感受与态度,较快、正确地解读他人的信息,从而了解他人的想法、感受与态度。沟通技能涉及许多方面,如简化运用语言、积极倾听、重视反馈、控制情绪等。软件开发中各利益相关方的沟通是影响软件生产效率和可用性的重要因素,如果沟通不畅,会导致项目进度被延误,开发成本上升。沟通是软件开发计划中必须考虑的工作,沟通技能是软件人才必须具备的能力。

6.2.4　软件人才需求

软件人才是软件产业发展的核心要素,其数量和质量将很大程度决定软件产业的发展水平,软件产业的竞争在根本上是人才的竞争。《中共中央关于制定国民经济和社会发展第十四个五年规划和二〇三五年远景目标的建议》指出,要激发人才创新活力,全方位培养、引进、用好人才。

2021 年 4 月 23 日,中国电子信息产业发展研究院、赛迪智库信息化与软件产业研究所发布了《关键软件领域人才白皮书(2020 年)》。白皮书认为，经济新常态背景下，我国软件和信息技术服务业继续呈稳中向好运行态势，软件从业人员规模稳步增长，人均产值持续增加，关键软件人才队伍不断壮大。但同时，相比软件产业发达的国家，我国在软件人才培养模式、人才价值体现等方面仍存在一定差距。近年来，随着我国软件人才需求持续提升，关键软件领域人才新增缺口不断拉大，加强软件产业人才队伍建设已成为产业高质量发展的关键。从人才规模来看，预计到 2025 年，我国软件行业人才总需求将达 890 万人，新增人才缺口达 192 万人，其中关键软件领域新增人才缺口达到 83 万人；从需求类型来看，关键软件领域紧缺岗位集中为高端技术职位，其中最为紧缺的岗位依次为架构师、前端开发工程师、后端开发工程师、运维工程师和算法工程师。另外，白皮书还指出，我国下一步软件人才培养应推动产教融合，完善协同培养体系；创新人才培养模式，探索人才培养"多元模式"；引导人才认证，逐步与国际标准接轨；明确培养目标，强化紧缺人才培训评价。

6.3　软件工程教育

　　软件定义一切将带来软件定义的世界，无处不在的软件不仅将成为社会经济活动的基础设施，还将重塑人们的思维模式。面向未来，每一个接受过高等教育的成年人不仅应该是现代信息化社会的直接受益者，更应该是现代软件文明的直接创造者，软件技能不再仅仅是大学软件专业人才的专业技能，还将成为所有大学生必备的工作生活技能。因此在现代高等教育体系中，软件教育不仅应该是面向软件专业人才的专业教育，还应该成为覆盖全体大学生的通识教育。软件工程教育要注重专业教育与通识教育并重，领域学科知识与软件学科知识结合，原理讲授与动手实践融合。

6.3.1　软件工程知识体系

　　软件工程知识体系(software engineering body of knowledge，SWEBOK)指南由全球各领域的专家创建、开发和审查，描述了软件工程知识体系。本节将描述 SWEBOK 的发展历程和主要知识域。

1. SWEBOK 的发展历程

　　SWEBOK 的发展历程：①稻草人阶段(1994～1996 年)；②石头人阶段(1998～2001 年)，来自 42 个国家的大约 500 名评审人员参与了指南的开发，并产生了试用版本，即在 2001 年推出的 SWEBOK 第 1 版，同时发布的还有相应的软件工程师认证(CSDP)；③铁人阶段(2003～2004 年)，来自 21 个国家的 120 多名评审人员参与了铁人阶段的指南开发，并在 2004 年推出了 SWEBOK 第 2 版，在 2008 年推出了面向大学应届毕业生的初级软件工程师认证(CSDA)。较新的是在 2014 年发布的

SWEBOK 第 3 版。在印度、美国、欧洲和日本，SWEBOK 被工业界和学术界广泛接受并实践。

软件工程知识体系的建立有以下目的和作用。

(1) 促进世界范围内对软件工程达成一致观点。

(2) 阐明软件工程与其他学科的关联，并确定它们的分界：确立了软件工程的边界，识别出 8 个相关学科。

(3) 刻画软件工程学科的内容，将软件工程学科的基本材料组织为 15 个知识域。

(4) 提供使用知识体系的主题。

(5) 为开发课程表和个人认证与许可材料提供一个基础。

2. SWEBOK 知识域

第 3 版的 SWEBOK 囊括了十五大核心知识域，可分为四大类。第一类与软件开发相关，包含四个知识域，即软件需求、软件设计、软件构造和软件测试。第二类与软件管理相关，包含四个知识域，即软件维护、软件配置管理、软件工程管理和软件工程过程。第三类与软件专业实践相关，包含四个知识域，即软件工程经济学、软件质量、软件工程模型与方法，以及软件工程职业实践。第四类涉及基础性知识领域，包含三个知识域，即计算基础、数学基础和工程基础。第 5 章已经介绍与软件开发相关的四个知识域，以及软件维护、软件工程管理、软件工程过程和软件工程模型与方法，本节着重介绍其他七个知识域。

(1) 软件配置管理是指为了系统地控制配置变更，在系统的整个生命周期中维持配置的完整性和可追踪性，标识系统在不同时间点的配置，其包含的子知识域有软件配置的过程管理、软件配置的标识、软件配置的控制、软件配置状态簿记、软件配置审计、软件发布管理与交付。

(2) 软件质量指的是软件产品预期的特性，以及这些特性在软件产品、过程、工具和技术中被满足的程度，其包含的子知识域有软件质量基础、软件质量管理过程、实践考虑，以及软件质量工具。

(3) 软件工程职业实践强调软件工程师应该具备实践软件工程所需的知识、技能和态度，其包含的子知识域有专业精神、团体动力学和心理学，以及沟通技巧。

(4) 软件工程经济学被列为基础知识域，因为软件工程师是在商业背景下作出工程决策。一个软件产品、服务或解决方案的成功取决于对商业环境的理解以及工程决策对商业实践的影响。软件工程经济学包含的子知识域有软件工程经济学基础、生命周期经济学、风险与不确定性、经济学分析模型，以及实践考虑。

(5) 计算基础包含的子知识域相对较多，分别是问题求解技术、编程语言基础、算法和复杂性、操作系统基础、网络通信基础、开发者人为因素、安全的软件开发和维护、抽象、调试工具与技术、系统的基础概念、编译基础、并行与分布式计算、编程基础、数据结构与表达、计算机组成、数据库与数据管理，以及用户的人为因素。

(6) 数学基础提供了软件工程中使用的数学知识，并介绍了将逻辑推理应用于正在开发和修改的软件产品时所需的明确规则。数学基础的子知识域包括集合、关系与函数、证明的方法、图与树、有限状态机、数值精度、准确度与错误、线性结构、逻辑基础、计数基础、离散概率、语法，以及数论。

(7) 工程基础包括对软件工程师有用的工程技能和技术，其重点是支持其他知识域的主题。工程基础包含的子知识域有实验方法与技术、统计分析、度量、工程设计、建模仿真与原型、标准，以及本质原因分析。

3. 中国软件工程知识体系

为适应世界软件工程知识体系的发展，我国颁布了《软件工程 软件工程知识体系指南》(GB/Z 311024—2014)，这是我国目前唯一的一个软件工程知识体系标准，用于规范我国软件工程知识体系的发展和指导我国软件工程教育。该标准将软件工程划分为以下11 个领域(图 6-5)。

(1) 软件需求。主要类型包括产品与过程，功能性与非功能性属性。软件需求知识领域涉及软件需求的抽取、分析、规格说明和确认。

(2) 软件设计。软件设计是一个过程，此过程对一个系统或组件定义架构、接口以及其他特征。软件设计作为一个过程被看待时，是一项软件工程生命周期中的活动。

(3) 软件构造。软件构造指的是创建软件的详细步骤，包括编码、验证、单元测试、集成测试和调试。

(4) 软件测试。测试是一项标识产品缺陷和问题的活动，测试的目的是评估和改进产品质量。软件测试通过使用有限的测试用例来动态地验证程序是否能实现预期的行为。

(5) 软件维护。软件产品一旦投入运行，产品的缺陷就会逐渐地暴露出来，运行的环境会逐渐发生变化，新的用户需求也会不断地浮出水面。软件维护是指针对这些问题对软件产品进行相应的修改或演化，使软件适应变化的环境。

(6) 软件配置管理。软件配置管理是一项跟踪和控制软件变更的活动。

(7) 软件工程管理。软件工程管理是指为了达到系统、遵循规程和可量化的目标，对软件执行开发和维护管理活动，包括计划、协调、度量、监控、控制和报表。

(8) 软件工程过程。在两个层次上分析软件工程过程：①软件生命周期中的技术和管理活动，它们在软件获取、开发、维护和退出运行中完成；②元层次，涉及软件过程本身的定义、实现、评估、管理、变更和改进。

(9) 软件工程工具与方法。软件开发工具用于辅助软件过程，是基于计算机的工具，可以重复并明确定义自动化过程，减轻软件工程师的负担，使软件工程师将精力集中在开发过程的创造性方面。

(10) 软件质量。就是遵从将用户需求、客户满意作为目标的标准。

(11) 相关学科知识域。主要包括计算机工程、计算机科学、管理、数学、系统工程等。详细内容请参考国家标准网站：https://openstd.samr.gov.cn/bzgk/gb/index。

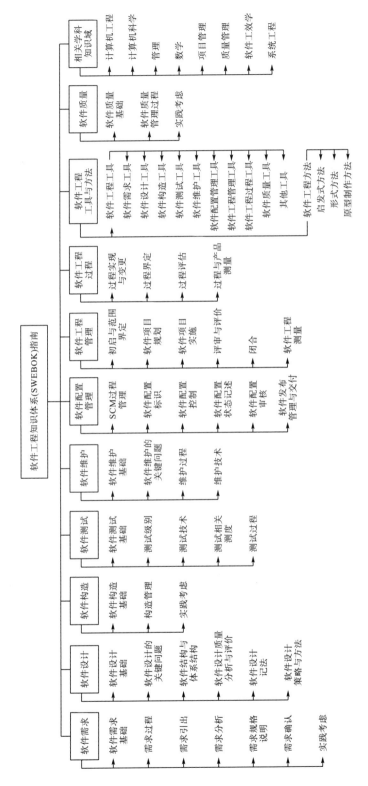

图6-5 软件工程领域分解图

6.3.2　软件工程教育发展历程

在初期，软件工程只是属于计算机科学教育计划的一门或多门课程，这些课程至今在计算机科学教育计划中仍发挥着重要的作用。我国的软件人才教育始于 20 世纪 50 年代中后期。1957～1959 年，清华大学、哈尔滨军事工程学院、北京大学和中国科学技术大学等一批高等院校先后开设了电子计算机专业或计算数学专业，以扩大软件专业人才培养规模。20 世纪 80 年代初，我国开始探索软件工程教育，部分高校面向研究生开设了软件工程课程，而后在计算机科学技术一级学科下形成独立的二级学科，构建起以计算机为核心、与 IEEE/ACM 课程标准体系衔接的课程体系。2001 年经教育部和国家计划委员会批准，国家开展了示范性软件学院的建设，全国共有 37 所(首批 35 家)重点高校参与。2010 年，教育部软件工程教指委编制了《高等学校软件工程本科专业规范》，以指导中国软件工程专业建设。2011 年国家增设软件工程一级学科。2019 年软件工程教指委推出了中国软件工程知识体系 C-SWEBOK。截至 2022 年，我国已有 300 多所高校成立了软件学院或开设了软件工程专业，形成本硕博多层次成系统的软件工程教育体系，大幅度提升了软件人才培养的规模和水平。另外，软件专业教育进一步向网络化在线教育拓展，并开始在基础教育中推动软件通识教育。2019 年教育部出台的《2019 年教育信息化和网络安全工作要点》指出，要在中小学阶段逐步推广编程教育。

6.3.3　软件工程与计算机科学教育

软件工程的科学基础主要是计算机科学，而软件工程学科的建立是基于计算机科学的逐渐成熟，以及工业界由于软件危机而对系统性工程化指导的需要。软件工程学科与计算机科学学科有很多共同基础。但当前，世界大部分大学依然分别开设软件学院和计算机科学与技术学院，或者两个专业课程体系，这是因为软件工程和计算机科学与技术导向的是两个非常不同的职业道路。

软件工程教育能使学生具备使用数学、科学和技术来设计和开发对公众安全和福祉至关重要的产品的能力。为此，软件工程专业的学生不仅要学习基础的科学知识，还要学习应用科学知识所需的方法与技术。

6.3.4　软件工程教育的特点

由于软件已成为诸多行业和领域解决其特定问题的核心手段和必不可少的工具，这些行业、领域的专业人士需要掌握软件学科的基础知识和核心，学会运用软件工具来解决特定的问题。与此同时，软件专业人才也需要向特定领域扩展和渗透，因此，软件工程教育呈现出与其他学科教育日益交融的特点。

如今，软件即服务的理念已深入人心，在软件定义一切的时代，软件工程学科具有很强的渗透性和服务性，且在不断拓展其应用领域，催生出了服务科学与工程、数字艺术、金融信息工程等新兴学科，同时也促进了文化创意产业、金融服务产业、信息安全产业等新兴产业的发展。

作为软件工程专业的本科生，有必要了解软件工程教育的特点，对软件工程的学科范围有所了解，有助于进一步明确学习目标，并为制定正确的学习方法打下基础。软件工程教育既具有科学教育的属性，也具有工程教育的属性。在科学教育属性层面，研究人们对人类的意识与智慧进行科学理解的原则和方法，以及运用软件本质上的特性解决具体问题的能力，是软件工程的基础研究。在工程教育属性层面，综合运用计算机科学、数学、管理学、经济学等学科的基本原理，借鉴传统工程的原则和方法，提炼和固化知识来创建软件，以达到提高软件质量、降低成本的目标，是软件工程技术、管理和服务方面的研究。在工程教育过程中应注重多学科综合，重视实践训练。

6.4　本　章　小　结

软件人才与教育和软件产业的发展密切相关。软件与软件产业的逐渐发展与成熟，推动了软件工程学科的建立和发展。同时，软件生产也需要更多的软件人才，这促进了软件工程教育的发展，从而得以让软件工程教育为软件产业培养出更多的软件人才。

在不足 80 年的时间里，软件产业经历了从无到有，从有到产品化软件产业、服务化软件产业，再到现在融合化软件产业的发展变化。如今的软件产业已渗透到各行各业，形成了庞大的软件生态，软件定义一切，智赋万物。在这期间，软件职业分工逐渐细化，职位职责也变得更加成熟，我们对软件人才的评价有了各种各样的依据。

软件工程教育是建立在软件工程知识体系的基础之上的，同时也受到软件产业实践的影响，因为软件工程是一门基于实践的工程型学科。虽然软件工程的科学基础是计算机科学，但软件工程教育旨在培养工程应用型人才，因此其具实践性和工程性特点。

思考练习题

1. 软件产业的发展经历了哪些阶段？
2. 软件产品与软件服务的区别是什么？
3. 嵌入式系统软件属于基础软件还是应用软件，为什么？
4. 软件工程师的职责就是编写程序，对吗？若不对，为什么？
5. 沟通技能是软件人才应具备的能力吗？为什么？
6. 软件工程知识体系第三版有哪些知识域？
7. 软件工程教育与计算机科学教育的异同点是什么？
8. 软件工程教育的特点有哪些？

9. 你最想从事哪个软件岗位，为什么？该岗位的职责是什么？
10. 软件人才最本质的要求是什么？

参 考 文 献

[1] 弗兰克·徐，等. 软件工程导论[M]. 崔展齐，等译. 北京：机械工业出版社，2018.

[2] 王安生. 软件工程专业导论[M]. 北京：北京邮电大学出版社，2020.

[3] 伊恩·萨默维尔. 现代软件工程　面向软件产品[M]. 李比信，廖力，等译. 第 1 版.北京：机械工业出版社，2021.

[4] 弗雷德里克·布鲁克斯. 人月神话[M]. 汪颖，译. 北京：清华大学出版社，2007.

[5] Alan M.Davis. 软件开发的 201 个原则[M]. 叶王，马学翔，吴斌，等译. 北京：电子工业出版社，2022.

[6] 刘欣. 码农翻身：用故事给技术加点料[M]. 北京：电子工业出版社，2018.

[7] 集智俱乐部. 科学的极致　漫谈人工智能[M]. 北京：人民邮电出版社，2015.

[8] 尹宝林. C 语言编程思想与方法[M]. 北京：机械工业出版社，2022.

[9] Andy O，Greg W. 代码之美[M]. 聂雪军，译. 北京：机械工业出版社，2008.

[10] 艾伦·克莱门茨. 计算机组成原理[M]. 沈立，等译. 北京：机械工业出版社，2017.

[11] 矢泽久雄. 程序是怎样跑起来的[M]. 李逢俊，译. 北京：人民邮电出版社，2015.

[12] 胡伟武，等. 计算机体系结构基础[M]. 第 2 版. 北京：机械工业出版社，2018.

[13] 唐培和，徐奕奕. 计算思维——计算学科导论[M]. 北京：电子工业出版社，2015.

[14] 战德臣，聂兰顺，等. 大学计算机——计算思维导论[M]. 北京：电子工业出版社，2013.

[15] 薛红梅，申艳光. 大学计算机——计算思维导论[M]. 第 2 版. 北京：清华大学出版社，2021.

[16] 陈国良，李廉，董荣胜. 走向计算思维 2.0[J]. 中国大学教学，2020（4）：24-30.

[17] 董荣胜. 计算思维的结构[M]. 北京：人民邮电出版社，2019.

[18] 胡潇. 论工具活动与思维起源[J]. 求索，1997（3）：84-89.

[19] 伦纳德·蒙洛迪诺. 思维简史：从丛林到宇宙[M]. 龚瑞，译. 北京：中信出版集团，2018.

[20] 高德纳. 计算机程序设计艺术(卷 1)：基本算法[M]. 李伯民，范明，蒋爱军，译. 第 3 版. 北京：人民邮电出版社，2016.

[21] 陈道蓄，李晓明. 算法漫步：乐在其中的计算思维[M]. 北京：机械工业出版社，2021.

[22] Aditya Bhargava. 算法图解[M]. 袁国忠，译. 北京：人民邮电出版社，2017.

[23] 提图斯·温特斯，汤姆·曼什雷克，海勒姆·赖特. Google 软件工程[M]. 陈军，等译. 北京：中国电力出版社，2022.

[24] Jeannette M W. Computational thinking[J]. CACM Viewpoint，2006，49（3）：33-35.

[25] Peter N. Computing versus human thinking[J]. CACM Viewpoint，2007，50（1）：85-94.

[26] Jeannette M W. Computational thinking and thinking about computing[J]. Philosophical Transactions of the Royal Society，2008，366（1881）：3717-3725.

[27] Peter J D，Craig H M，et al. Great principles of computing[M]. Massachusetts：The MIT Press，2015.

[28] Carhart RR. A survey of the current status of the electronic reliability problem[R]. Rand Corporation，1953.

[29] Tukey J W. The teaching of concrete mathematics[J]. The American Mathematical Monthly，1958，65（1）：1-9.

[30] Dijkstra E W. The humble programmer[J]. Communications of the ACM，1972，15（10）：859-866.

[31] Fitzgerald B. Software crisis 2.0[J]. Computer，2012，45（4）：89-91.

[32] Leveson N G，Turner C S. An investigation of the Therac-25 accidents[J]. Computer，1993，26（7）：18-41.

[33] Dowson M. The Ariane 5 software failure[J]. ACM SIGSOFT Software Engineering Notes，1997，22（2）：84.

[34] Booch G. The history of software engineering[J]. IEEE Software，2018，35(5)：108-114.

[35] Cameron L. What to know about the scientist who invented the term：software engineering[J]. IEEE Software Magazine，2018.

[36] IEEE standard glossary of software engineering terminology[J]. IEEE Std 61012—1990，1990：1-84.

[37] Frederick P. Brooks，No silver bullet essence and accidents of software engineering[J]. Computer，1987，20(4)：10-19.

[38] Shaw M. Three patterns that help explain the development of software engineering[C]. Proceedings of the Dagstuhl Seminar，1996.

[39] Bourque P，Richard E. Swebok version 3.0：guide to the software engineering body of knowledge[M]. IEEE Computer Engineering Society，2014.

[40] Fairley R E D，Bourque P，Keppler J. The impact of SWEBOK version 3 on software engineering education and training[C]. IEEE 27th Conference on Software Engineering Education and Training，2014：192-200.

[41] Boehm B W. A spiral model of software development and enhancement[J]. Computer，1988，21(5)：61-72.

[42] Gallagher K P，Kaiser K M，Simon J C，et al. The requisite variety of skills for IT professionals[J]. Communications of the ACM，2010，53(6)：144-148.

[43] Paulk M C，Curtis B，Chrissis M B，et al. Capability maturity model，version 1.1[J]. IEEE Software，1993，10(4)：18-27.

[44] Parnas D L. Software engineering programs are not computer science programs[J]. IEEE Software，1999，16(6)：19-30.